大家小书

中国历史上的科学发明（插图本）

钱伟长 著

北京出版集团
北京出版社

图书在版编目（CIP）数据

中国历史上的科学发明 ：插图本 / 钱伟长著. —北京 ：北京出版社，2020.9（2024.11重印）
（大家小书）
ISBN 978-7-200-15614-0

Ⅰ. ①中… Ⅱ. ①钱… Ⅲ. ①创造发明—技术史—中国—青少年读物 Ⅳ. ①N092-49

中国版本图书馆 CIP 数据核字（2020）第 100214 号

总 策 划：安 东 高立志　　责任编辑：司徒剑萍
责任印制：陈冬梅　　装帧设计：金 山

· 大家小书 ·
中国历史上的科学发明（插图本）
ZHONGGUO LISHI SHANG DE KEXUE FAMING
钱伟长 著

出　　版 北京出版集团
　　　　 北 京 出 版 社
地　　址 北京北三环中路 6 号
邮　　编 100120
网　　址 www.bph.com.cn
总 发 行 北京出版集团
印　　刷 北京华联印刷有限公司
经　　销 新华书店
开　　本 880 毫米 ×1230 毫米 1/32
印　　张 7
字　　数 103 千字
版　　次 2020 年 9 月第 1 版
印　　次 2024 年 11 月第12次印刷
书　　号 ISBN 978-7-200-15614-0
定　　价 49.80 元

如有印装质量问题，由本社负责调换
质量监督电话 010-58572393

殷周时期协田耕作场景

汉代青铜犁范

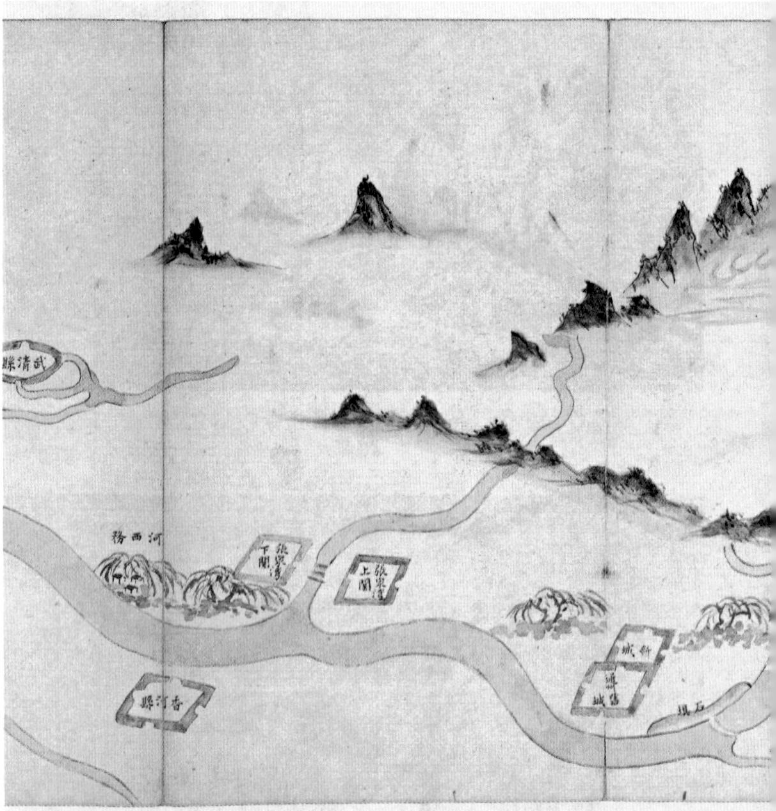
武清縣
河西務
張家灣下閘
張家灣上閘
香河縣
新城
舊城
石壩

清中期全漕运道图—京津冀段

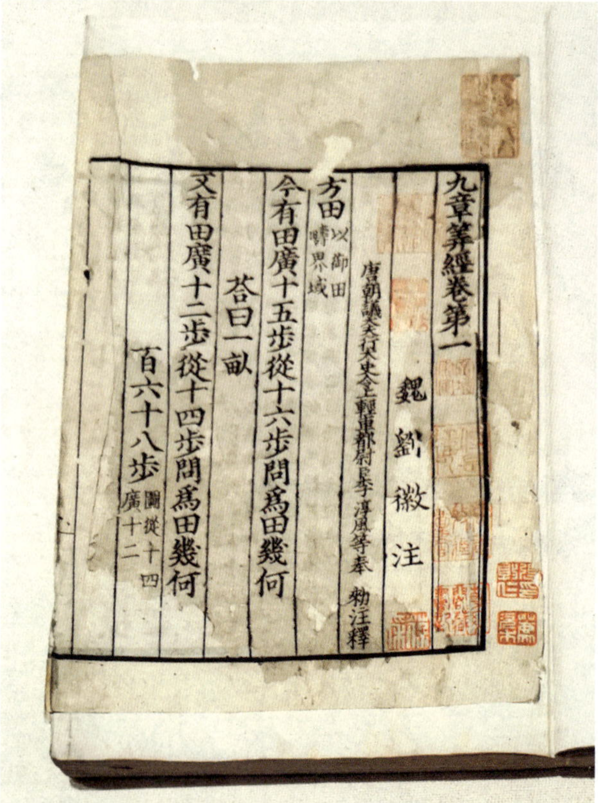

九章筭經卷第一

魏 劉徽 注

唐朝議大夫行太史令上輕車都尉臣李淳風等奉 勅注釋

方田 以御田疇界域

今有田廣十五步從十六步問爲田幾何

荅曰一畝

又有田廣十二步從十四步問爲田幾何

百六十八步 圖從十四 廣十二

《九章算经》宋刻本书影

河南濮阳仰韶文化时期“龙虎北斗图”

北京古观象台上古天文仪

苏州宋代石刻天文图

湖北荆门郭店出土战国楚简

《天工开物》明刻本书影

元至正十一年火铳

福建泉州湾挖掘的宋代古船

山西五台山佛光寺大殿

天津蓟州独乐寺观音阁

河北赵县赵州桥（安济桥）

长城

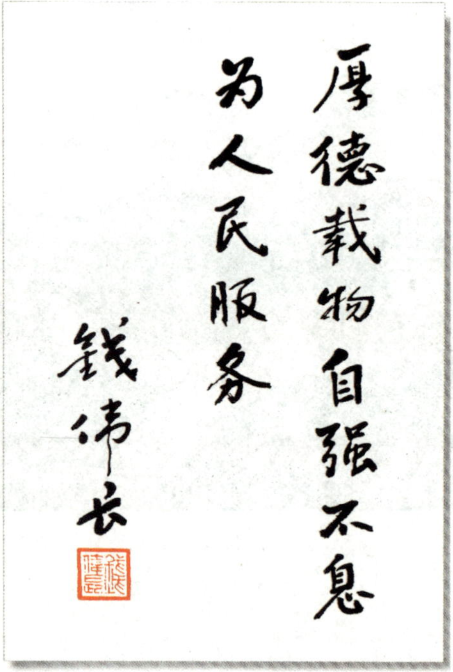
厚德载物自强不息
为人民服务
錢伟长

总　序

袁行霈

“大家小书”，是一个很俏皮的名称。此所谓“大家”，包括两方面的含义：一、书的作者是大家；二、书是写给大家看的，是大家的读物。所谓“小书”者，只是就其篇幅而言，篇幅显得小一些罢了。若论学术性则不但不轻，有些倒是相当重。其实，篇幅大小也是相对的，一部书十万字，在今天的印刷条件下，似乎算小书，若在老子、孔子的时代，又何尝就小呢？

编辑这套丛书，有一个用意就是节省读者的时间，让读者在较短的时间内获得较多的知识。在信息爆炸的时代，人们要学的东西太多了。补习，遂成为经常的需要。如果不善于补习，东抓一把，西抓一把，今天补这，明天补那，效果未必很好。如果把读书当成吃补药，还会失去读书时应有的那份从容和快乐。这套丛书每本的篇幅都小，读者即使细细地阅读慢慢地体味，也花不了多少时间，可以充分享受读书的乐趣。如果把它们当成补药来吃也行，剂量小，吃起来方便，消化起来也容易。

我们还有一个用意，就是想做一点文化积累的工作。把那些经过时间考验的、读者认同的著作，搜集到一起印刷出版，使之不至于泯没。有些书曾经畅销一时，但现在已经不容易得到；有些书当时或许没有引起很多人注意，但时间证明它们价值不菲。这两类书都需要挖掘出来，让它们重现光芒。科技类的图书偏重实用，一过时就不会有太多读者了，除了研究科技史的人还要用到之外。人文科学则不然，有许多书是常读常新的。然而，这套丛书也不都是旧书的重版，我们也想请一些著名的学者新写一些学术性和普及性兼备的小书，以满足读者日益增长的需求。

“大家小书”的开本不大，读者可以揣进衣兜里，随时随地掏出来读上几页。在路边等人的时候，在排队买戏票的时候，在车上、在公园里，都可以读。这样的读者多了，会为社会增添一些文化的色彩和学习的气氛，岂不是一件好事吗？

“大家小书”出版在即，出版社同志命我撰序说明原委。既然这套丛书标示书之小，序言当然也应以短小为宜。该说的都说了，就此搁笔吧。

一本父亲写给我的书

钱元凯

我出身于书香之家，书是我家三代最重要的物质财富，读书是全家人最大的精神享受。从记事起，妈妈每晚都要给我读一段故事，然后我带着书中的那些悲欢离合进入梦乡。我从小学三年级开始自己读书，无论在清风习习的夏夜翻动书页，还是在北风萧萧的寒冬围炉夜读，都成为儿时挥之不去的最温馨的回忆。大约从小学五年级起，我可以自己买书了。那时的新华书店都是闭架售书，因为是常客，售书的阿姨特许我进柜台选书，我还能缩在柜台里面悄悄地读书。有一次我买了一本讲宇宙和天文的少儿读物，书中讲述了很多有趣的知识——为何月亮有圆缺、为何一年有四季；地球有8个兄妹一起绕着太阳转……我和妈妈谈及此事，她告诉我，这是一套讲科学的书，如果喜欢，还可以读其他几本。于是我成为了这套丛书的忠实读者，为了满足我的需求，书店曾经向新华书店总店调货。

一天，父亲偶然从我小书架上一堆童话书中看到这些科普读物，问我看得懂吗？喜欢什么？我说从书中我知道了很多新鲜事，还认识了许多大科学家。他问我知道哪些科学家，我如数家珍般道出了伽利略、哥白尼、牛顿、瓦特、爱迪生……他又问我："这些都是外国人，你还知道哪些中国的科学家？"我想了半天，犹犹豫豫地报出李冰（我在四川出生，妈妈带我去过都江堰）、华佗（妈妈讲故事提到）。父亲有些不快，惋惜地责备我："你是个中国人，怎么只知道外国人的本事，不知道咱们老祖宗的功劳？"我当即理直气壮地回答："因为书上没有写过，你也没有讲过！"父亲沉默了。

这是我第一次让父亲无言以对。

此后我发现在父亲的书桌上，除了一摞一摞的精装外文书以外，还出现了线装中文书。

我的外公收藏古籍。在他的几个儿女中只有妈妈是学中文的，因此他到晚年就将这些珍藏都送给了妈妈。父亲书桌上的线装书酷似外公的收藏，为什么父亲要看外公的书了？也是这段时间，妈妈常常从外面带回一包一包的古籍。这些书与家中的藏书不同，不但有文字，还有图。我好奇地翻看，妈妈急忙制止我，她说这些书都是从图书馆或叔叔阿姨家借来的，十分珍贵，万一撕坏或弄脏了，实在赔不起。我奇怪父亲为什么要读这么贵的书，妈妈说：“爸爸要给你讲中国科学家的故事！”

在我初中二年级开学不久，父亲把一本薄薄的小书放在我的面前，缓缓地说：“3年前你埋怨我没有给你讲过中国的科学发明，今天我讲给你。”他接着指出，几千年来，中国一直是走在世界前列的科技强国，只不过晚清封建社会和国民党的腐败统治才让中国积贫积弱，受尽欺凌。现在新中国挣脱了枷锁，成为东方的大国，但是无论在经济还是科技方面，我们仍然落后。最后他语重心长地说：“我给你这本书，是希望你和你们这一代人，能从中受到启发、受到鼓舞，长大以后努力把我们的国家再次建设成世界强国！”父亲交给我的，就是《我国历史上的科学发明》（现名《中国历史上的科学发明》——编者注）。

回想20世纪50年代初，父亲刚招收了新中国第一批力学研究生，并全力以赴地展开“弹性圆薄板大挠度问题”的研究（此后这个研究成果获得国家科学奖）。也是在这时候，他成为中国科学院学部委员（院士），并被委任为中科院数学所力学研究室主任，积极筹划组建力学所。同时他还担任清华大学教务长，投身于20世纪50年代开始的高等院校翻天覆地的院系调整与教材更新中。此外他还在1950-1951年被选为北京市人大代表、中华全国青年联合会的常委及副秘书长、中国科学工作者联合会常委兼组织部副部长、中国民主同盟中央常委。在新中国成立后百废待兴的年代，有多少事需要他全心全意地投入，但是《我国历史上的科学发明》正是在这个阶段成书，显然，他认为向新中国的青少年介绍祖国古代的科学发明同样重要。

书写中国科学技术史话首先需要精通文言文，对此父母可谓得天独厚。父亲的古文造诣来自家传。我的祖父钱挚是清末的读书人，靠教书为生，可惜英年早逝，父亲靠他的四叔——著名的国学大师钱穆接济读完高中。考清华时，一道有关二十四史的考题难倒诸多考生，甚至有人交了白卷，但是父亲得到满分。母亲作为清华大学文学院中文系的高材生，曾师从朱自清、陈寅恪、闻一多等教授，有扎实的文言文功底。

写作还需要大量的资料，这才是真正的难点。那时没有“百度”“知乎”，没有“谷歌”，有关科技史的材料散落在古代典籍中，即使找到有益的参考资料，按照父亲做学问的习惯，也要尽量找到原文加以印证。当时我国古籍复刻的工作尚未起步，涉及的原本多属收藏级的珍本。他们通过自己师生、朋友的关系，由母亲出面，跑遍北京各院所的图书馆、资料室，或调阅、或摘抄，并为此建立了专用的卡片柜，父亲再对获得的资料进行评价总结，并撰写成文。这些工作大都是在晚上12点繁忙的业务工作完成之后才能进行，有的章节甚至是在父亲参加抗美援朝慰问团赴东北的火车上通宵撰写的。父亲陆续将《中国古代的科学创造》《中国古代的三大发明》等文章投稿给《中国青年》杂志，算是阶段性成果。从1950年到1953年，父亲用了3年时间写出了6万余字的《我国历史上的科学发明》，这是在他一生所有著作中耗时最长、字数最少的一本。书籍付梓之后，父亲还在考察、参观、旅行途中搜集第一手资料，希望可以不断完善本书的内容和图片。从1953年至今，包括北京出版社在内，已经有5家出版社先后出版本书。现在读者看到的《中国历史上的科学发明》，是父亲与几代编辑心血的结晶，而这本爸爸写给我的书，已经激励着三代年轻人踏上了建设祖国的征程。

光阴似箭、日月如梭。悠悠岁月中我慢慢体会到父亲当年在百忙之中坚持写这本书的良苦用心：它不仅是一本科普书，更是一本爱国主义的教材。

细心的读者会发现，《中国历史上的科学发明》不单纯是一部中国科技发展史，还是一部中外科技发展的比较史。在每个章节、每个重大的科学发明中，父亲都尽可能地找出西方或其他文明古国达到同样水平的时间，还对很多技术给出了从东向西传播的路线图。他是用事实告诉读者，在人类几千年的科技发展史中，我们中国人曾经做得更早、更好，曾位居领跑者的行列。爱国不仅是爱我们秀美的山川土地，爱我们勤劳勇敢的人民，爱我们蒸蒸日上的时代，更重要的是传承我们的文化与传统、了解我们成长的历程，为我们的成就而自豪，为我们的挫折而警醒。人类历史不仅是朝代的更迭、政治经济体制的转换，还包括文化的发展、科技的进步。父亲就是希望通过这本小书，默默地用爱国之情浸润读者的心灵，增强青年读者的民族自豪感与文化自信心，让我们能在风云变幻的征途上临危不惧、荣辱不惊，为建设祖国奋勇前进。

1972年父亲随中国科学家代表团访问美国，在一次记者招待会上，一个刁钻的记者挑衅地发问："1949年以来，中国有什么科学发明，可以算作是对人类的贡献呢？"父亲毫不犹疑的答道："新中国成立以来，中国人民在重建家园中，认识到任何一个国家、任何一个民族，不论曾经多么落后、多么贫穷，只要国家独立，民族团结，万众一心，努力建设，就一定能自力更生建设自己的工业、农业，逐步赶上世界上最富有的发达国家，这就是中国人民最重要的科学发明和对人类的贡献！"当时全场掌声雷动，很多华侨、华人老泪纵横。

谨以这段发言作为本书最精炼的寄语。如果年轻的读者还能从本书得到乐趣，受到教益，那么就是对一位老科学家最热情的点赞，最深情的纪念。

2020年7月2日

目　录

原版绪言

我们伟大的祖国，有着悠久的历史和丰富的文化遗产。几千年来，我们的祖先在自己开辟的广大土地上，不断地劳动着、创造着、和自然搏斗着，获得了无数宝贵的经验，留下了不少光辉的科学发明；这是辛勤劳动的果实，也是千千万万劳动人民智慧的结晶。这些果实，不但丰富了我们生活的内容，推动了我们生产的发展，也为今天全人类的文明和生产事业，提供了便利的条件，奠定了一部分必要的基础。

举一些例子来说，比如我国有四大发明：指南针、造纸、印刷术和火药。指南针在航海上的应用，基本上克服了远航重洋的困难；造纸、印刷——尤其是活字版等技术的发明，促进了文化的广泛传布；火药的发明，直接便利了煤矿的采掘，间接推动了近代工业的发展。再如，我国在蚕丝、纺织、造船、农业、医药……各方面都有特殊的贡献，这些贡献，后来都广泛地流传到全世界。

我们祖先的这些伟大的创造，都是为了解决生活和生产上的实际需要，一点一滴，经过长期的努力，累积极其丰富的经验而完成的。许多科学创造，如农业、蚕桑和水利工程，在各种不同的地区，还结合着当地的实际情况，有了多方面的发展。

然而，过去历代反动统治者对科学和科学工作者，是一贯歧视的。比如，今天在我们祖国的土地上，还保存着许多伟大的建筑和雕刻，过去的统治阶级一直把制作这些优秀艺术品的设计者、创造者，叫作卑贱的“匠人”，甚至连他们的姓名也给埋没掉。这些统治者们只顾残酷地压迫和剥削人民，尽量享受人民劳动的成果，却从来不尊重人民的创造。就是那些热爱科学的知识分子，也是传统地为“士大夫”们所不齿，他们在科学上的成就，也一直被“士大夫”们看作是“雕虫小技”，被讥笑为“不务正业”，不走“正道”。因而，许多科学创造，不能得到应有的发展，有的受到阻挠，从而停滞不进，有的竟至失传。本来科学技术的发展是和生产的发展分不开的。当西洋各国经历了产业革命，脱离封建的束缚，进入资本主义的近代生产规模的时候，科学技术受到生产的刺激，有了很大的发展。可是，当时我国依然处在黑暗愚昧的封建统治之下。

后来，受到资本主义国家的侵略，我国又陷入半封建半殖民地的地位。在这样的历史情况之下，不但科学创造依然遭受到阻挠和歧视，而且由于崇拜“西方文明”那种奴才心理的作祟，连我们祖先的一些伟大创造，也遭到极不应该的鄙弃。帝国主义和它的走狗们，更是有意识地狂妄地歪曲和毁谤我们中国人民的这些创造，企图借此抹煞中国在世界历史上的地位。

今天，由于我国人民革命的伟大胜利，我们打倒了封建主义和帝国主义两大敌人，完全改变了我国的历史情况。我们在光辉的毛泽东的旗帜下，正在掀起轰轰烈烈的建设高潮。由于生产力已经得到解放，科学技术一定会有飞跃的发展。我们应该学习祖先们刻苦耐劳的实践精神，珍视他们在科学方面的一切创造，并把这些创造发扬起来。同时，我们还应该学习苏联先进的经验，满怀信心地、沉着地前进。相信将来我们自己一定会有更多的科学创造，贡献给全世界，来丰富人类的生活，来为人类谋取更大的幸福。

1953年8月载于中国青年出版社印行的第一版

修订版绪言

《我国历史上的科学发明》一书是1952年间分段写成，1953年由中国青年出版社首次出版的。当时正是抗美援朝后期，全国人民在中国共产党的领导下，一边无私地支援朝鲜人民的战斗，一边热情地进行大规模的建设，改变着贫穷落后的面貌，祖国大地如沉睡初醒，不论城市和农村，到处都有劳动大军的建筑工地。但是，对科学技术能否赶上世界先进水平，在不少人心目中，存有疑问。为了鼓舞国人的自尊心，尤其是青年一代的自尊和自信，特用我国历史上大量科学发明和创造的事实，草成此书，供国人参考，特别是供青年人阅读。所以，本书的体裁，既非历史，又非学术考古，是一本尽可能简明易懂的杂文汇编，是一本宣传爱国主义的青年通俗读物。

1953年以后，我国各出版社曾出版了大量类似的读物，多数只专于一个方面，有些是考证性的，有些是历史性的，从而给20世纪50年代一辈的青年提供了大量丰富的营养。当时大批的青年们，信心百倍地走向祖国各条战线，奋发图强，以能继承和发展祖国的优秀文化和物质建设而自豪。可惜曾几何时，在进入20世纪60年代和70年代以后，这种实事求是的爱国主义教育少见了，这类出版物不仅变成凤毛麟角，而且还沦为批判的对象。

自1978年起，在党中央改革开放的英明政策号召下，我国不断从世界工业先进国家引进设备，引进技术，引进人才，也大量派遣留学生和科技人员出国进修深造。为了短期内赶上国际先进的生产水平，这些措施是必要的，而且成效也是显著的。但在这改革开放的过程中，全国也刮起了一阵唯洋是好的崇洋媚外之风，给一代青年带来了毒害。另一方面，那种夜郎自大闭关自守的风气，给我国人民带来的落后和不幸，是人所共见的，若任其发展，则在当前世界各民族的剧烈竞争过程中，中华民族殊不免有被“开除球籍”的危机。党中央改革开放的决策的实施，及时阻止了这一危险的风向，这是我国人民的大幸。改革开放使我们看到了现代科学技术在世界各国的成就和实况，也看到了各先进工业国家经济发展和生产建设的经验和教训，使我们有可能在人家现有的基础上努力攀登，创新前进。同时，也使我们认识到，真正的现代化的实现，还是要靠我国广大的工人、农民、知识分子在自尊自信的基础上，团结自强、奋发创造，才能达到。《我国历史上的科学发明》一书在重庆出版社修订出版，就在于鼓动我国青年在改革开放进行宏伟的现代化建设中，应该持有自尊自信的爱国风貌。

这里也必须指出，本书1953年版中的“指南针和指南车”、“造纸和印刷术”、“火药”等三章，曾翻译成维吾尔文及蒙古文，编入民族出版社出版的《爱我们伟大的祖国》（1953年）一书中。此外，本书1953年版中的“建筑”一章，曾由刘泓同志译成俄文，在苏联科学院《科学技术史问题》创刊号上发表（1956年）。同时，晚至1976年，本书1953年版曾在香港出现了“盗版”，该盗版和原版在内容上完全一致，只是书名改为《科学发明史话》，作者改为“伟场”，出版者改为“香港青年出版社”。所有这些都说明，本书的修订版，对青年的爱国主义教育仍有参考价值。我们伟大的民族曾为人类历史写下辉煌的篇章，华夏后裔一定要有信心珍视过去，开创未来。

钱伟长

1987年10月于北京木樨地

一、农业科学

几千年来，我们的祖先一直把农业生产作为主要的劳动。今天，在祖国辽阔的领土上，有着广大的肥田沃土，供给我们衣食的资源。这并不是偶然的事情，而是劳动人民不断和自然斗争的结果。在这长期的斗争过程中，我们取得了辉煌的成就，比如把山野植物栽培成谷物，把野兽驯养成家畜，把飞鸟饲养成家禽；再如，经常和洪水斗争，使河流听人们的话。在这种种斗争的场合，涌现出许多伟大的、优秀的科学家、工程师和发明家，他们光荣地创造着，累积了许多斗争经验，以丰富人民的生活。

还在很早的年代，在祖国的大地上，人们就开始种植稻、麦、黍、粟。到殷代时（约3300—3400年前），人们的祖先在栽培谷物的方法上，已经积累了不少的经验。那时的播种是疏成行列的，畦与畦之间有一定的间隔，这就改进了星散丛生的原始做法。到了西周时代（约3000年前），我们的祖先又懂得了消灭杂草、深耕、宽垄等生产方法。在现存的当时作品《诗经·小雅》各篇中，便散见着这类记载。

大概也在西周时代，我们的祖先，为了克服不利于农业生产的自然条件，创造了轮流休耕的“三圃制”。那是把每年耕种的土地，留下三分之一，互相轮替；这种轮流休耕的方法，便是后代“轮耕法”的起源。《诗经》上有“薄言采芑（qǐ），于彼新田，于此菑畬（zī yú）”的话（见《诗经·小雅·彤弓之什·采芑》）。“新田”是初辟的田（一说是已轮耕三年的田），“菑”是种过一年的田，“畬”是种过两年的田。这种轮耕的应用，使农业的生产提高了一步。

元代王祯《农书》中的圃田

我们的祖先，对于农作物的习性，也有长期实践的丰富知识。比如说，每种生物体的生活条件是不同的。如果懂得这个原理，在农业上，就可以减少灾害的损失。《汉书·食货志》记载，当时在播种谷物的时候，往往杂种黍、稷、麻、麦、豆五种。如遇灾害，其中一两种虽遭灾，但其他的就可以避免受灾。这种办法直到现在，也还是我国农业生产上，克服不利的自然条件的有效办法之一。

到西汉时代（约2000年前），出现了不少优秀的农业科学家，像氾（fán）胜之、赵过等，都有新的发明。氾胜之提倡“区田法”：把田地分作多个小块，在中间挖成1尺[①]深的小沟，堆上腐败的植物，以防止地面水分的蒸发。赵过创造“代田法”，代田就是轮耕：在田里挖宽、深各1尺的沟，沟里种植谷物，出苗以后，随长随在苗根培土，到夏天时，垄尽根深，既能抗风又能抗旱；第一年的沟，第二年变成了垄，第一年的垄，第二年变成了沟。这种沟垄相代、深耕操作的方法，

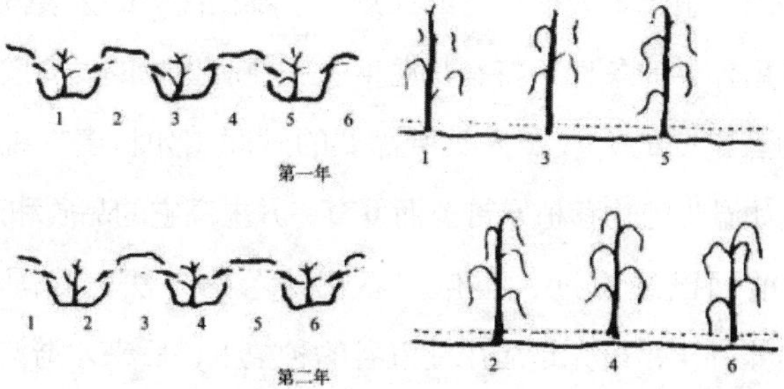

“代田法”经营示意图

① 3尺=1米。

保持着土壤的肥力，并可以使土地的产量增加近一倍。

此外，在西汉时代，氾胜之就推广“雪汁治种，收成常倍”的经验。到今天，在祖国广大的农村中，尤其在西北一带，还流传着这种优秀的古法，把这种方法用在麦种方面；像在太行山地区的涉县、武安、辉县、林县等地，在冬至后用雪水拌种，共拌四十九天，称作“七七小麦”。也有个别地区，在冬至日将小麦浸在井中，每七天一次，共浸九次，称作“七九小麦”。又如北京近郊一带，在冬季把小麦播种土中，称作“冻黄”；也有在冬至后将种子播下，使雪覆盖，称作“闷麦”。以上种种“催青”的古法，充分表示了我们祖先在农业生产上的卓越创造。

自从近代农业科学家提出“春化作用”的理论以后，“春化作用”引起了人们广泛的注意。“春化法”的主要内容，就是应用外界的条件（特别是温度），控制生物的发育阶段，使生物有定向的、按照人类所需要的时间（如秋麦春种）和空间（如温带植物移植寒带）而发育，并提高它的品质和产量。

前面已经说过，类似“春化法”的方法，我国古代叫作“催青”，最先是应用在五谷的种植上，后来才渐渐推广到蔬菜及其他的农作物上，增加了农作物对病害和严寒的抵抗力，如太行山区的“住冬八瓣蒜”，陕北的“闷谷”等，都是提高产量的技术。而且，“催青”在我国古代，不仅限于农作物，就是在动物的种卵方面，也同样地引用，例如蚕子催青等。这些天才的古代农事创造，都是农民群众智慧的表现。这些创造，有力地克服了大自然对于农业生产的严格限制。

蚕桑事业在我国，也是开始得很早的。在新石器时代的遗物里，考古学家们曾经发现了半个蚕茧的化石（在山西西阴村）。《诗经》里也有多处提到了蚕和桑的诗篇。至少在3000年前，华北一带对蚕桑的培养，是比较普遍的事业。蚕桑和苎麻一样，到汉代才普及到江南一带。到晋、南北朝以后，因为中原常有战祸，桑田又都破坏，蚕桑事业才成为江南的主要农事。在古代华北等地的桑树，大概是柘（zhè）树、檿（yǎn）树、柞树一类，所以蚕种也和现代江南所见到的很有差别。东汉的茨充、王景等领导着人民，经过长期的努力，突破了地理环境的限制，移植了桑树，改良了蚕种，才使江南有今天的成绩。直到现在，辽东、辽西、山东、四川各处丘陵地带，还保留着古代的柞蚕，成为这些地区的农村主要副业。可见蚕桑事业，在古代农村里，起着重要的经济作用。劳动人民追念这种光辉的创造，流传着伟大的名字“嫘（léi）祖”，产生了不少的神话，对她表示尊敬和热爱。而且，在中世纪以前，这种发明就被传到了欧洲。这是中国人民的劳动创造，是对人类物质

南宋梁楷《蚕织图》（局部）

文明的重要贡献之一。

也是从很早的时候起，我国劳动人民就栽培野生的豆类植物，把它当作日常的食物。进一步还创造了豆腐、豆腐皮等豆汁硬化的食品，为人们增加食物营养。继而发现了豆类发酵的过程，从这种过程里提炼酱油和酱。这些食品工业的发明和创造，都使人民的生活增加了丰富的内容。

我国蔬菜的种类之多，是世界上任何国家都无可比拟的。蔬菜中要以白菜最普遍。白菜古时称菘（sōng），在我国栽培最早，种植地区也广，品种众多而优良。例如：天津绿白菜、山东胶菜、辽东太沃心白菜、浙江黄芽菜、杭州油冬儿、济南油冬菜、南京瓢儿菜、常州乌塌菜、山东苔菜等，都是白菜的变种或亚变种。这些有名的品种，都是经过农民大众的辛勤栽培，在无数年代中，共同选取的优良品种。其他如萝卜（庐）、黄瓜（瓜）、葫芦（壶）、韭、水芹（葵）、瓠瓜等蔬菜植物，郁李（薁yù）、野葡萄（蘡薁yīng yù）、枣等果类植物，桑、麻、漆、桐等工艺植物的种植，也都是我们的祖先在长期努力下，所取得的胜利果实。由于护养培育方法的不断改良，植物本身的形态也有所变化，因而又产生了新品种。所以我国人民的食品种类繁多，生活丰富，比起欧美各国那样简单的只有肉类、鱼类、麦和少数蔬菜为主要的食物来，我们实应骄傲地怀念着我们伟大的祖先们。

在这些伟大的农事发明里，民间传说着许多光辉的名字、如神农、伏羲、嫘祖等神话似的发明家；这些发明家的出现，早在四五千年以前。虽然，他们很多只是留下了象征性的名字，也许他们是代表一个氏族，并无足够的正确史料供我们查考；但是，人民不断怀念着这些与人民生活需要有密切联系的创造者，并不因为历史的模糊不清，而减少了对他们的尊敬和热爱。

武梁祠神农像

我国第一本农事科学的巨著是《氾胜之书》，可惜现在已经失传，我们只能从后来的农学书籍里，见到引用它的文字。我们从引文里理解到，氾胜之是西汉时代伟大的农业科学家和实践家。现在遗留的古书里，保存完整最早的一部农书是北魏贾思勰（xié）著的《齐民要术》，约成书于公元533—544年。全书分十卷有九十二篇。分别科学地论述各种农作物、蔬菜、果树、竹木的栽培，家畜家禽的饲养，农产品加工酿造，贮藏和副业等。它比较系统地总结了6世纪以前和当时黄河中下游地区劳动人民丰富的农业生产经验，并附录了祖先们吸取其他民族农业经验的要点。书中所记载的旱农地区的耕作和谷物栽培方法，果树嫁接技术、家畜家禽的去势肥育和多种农产品加工的经验，以及对土地利用、轮作、精耕细作、选种、防旱保墒等的见解，都显示出当时我国农业已达到相当高度的水平。

公元1273年（元至元十年），由司农司编辑的《农桑辑要》，大量辑集古代到元初的农书，保存了不少已佚农书中的宝贵资料。书中分别论述了作物栽培，家畜、家禽、蚕、蜂的饲养，特别提倡对于棉花、苎麻的栽培，认为不应受风土说所限制。同一时期的王祯所著《农书》（三十七卷，佚失一卷），也提倡种植棉麻等经济作物和改良工具。

明末徐光启（公元1562—1633年）的《农政全书》是另一部伟大的农学著作。公元1621年（明天启元年），徐光启被罢黜离开京城回到上海后，在自家的试验田里进行农业科学研究，并得以将酝酿多年的《农政全书》加以整理，到公元1628年（明崇祯元年）写完，当时尚未定名，也不得出版。直到他逝世后六年，由陈子龙主持整理修订，到公元1639年（明崇祯十二年）才刊行问世。

《农政全书》共六十卷十二门类，50余万字。书中记叙了

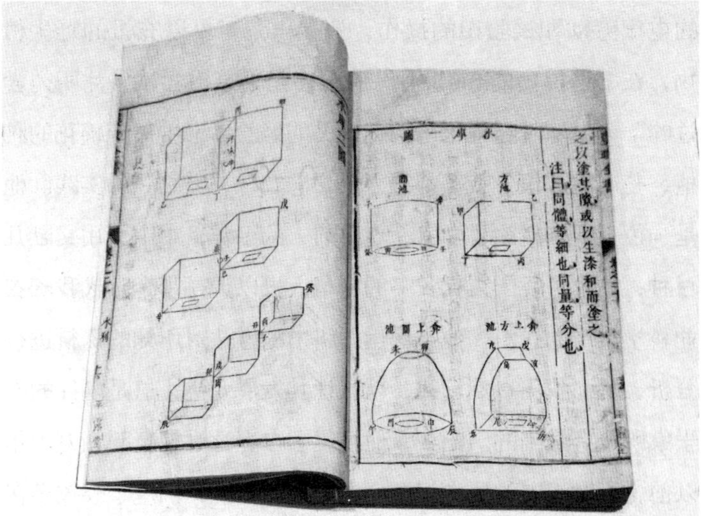

明末徐光启的《农政全书》书影

历代有关农业生产、农业政策的经史典故和诸家议论；叙述了古代土地制度、古代农学家关于田制的论述以及徐光启自己的见解；具体反映明代农、林、牧、副、渔等多种经营的情况——土地利用、各种耕作方法、农田水利、农具、农时，开垦、栽培总论（包括树艺、蚕桑、畜牧、养鱼、养蜂、造房、家庭日用技术）等；最后讲“荒政”，详细考查历代救荒政策和措施。全书中最突出的是“水利”和“荒政”二门，徐光启认为增加农业生产和救灾备荒，以安定人民生活，是当时急需解决的问题。徐光启是一位注重实践的科学家，他参加过天津的屯田劳动和试验田的操作，他提出荒年可以充饥的野生植物，在书里提出的400余种，有很多是他亲口尝试并注明“尝过的”。他随时随地采访摘记农民的经验，书中关于棉花的种植、苎麻的掘根分栽等都得之于“老农”“老圃”的实践。他是一位重视资料的科学家，尊重前人的工作，书中引用文献几百种，集中了我国古代农书的精华，可以说是那个时代我国农业科学遗产的总汇。他进而运用科学的方法对所知的资料进行分析，从而找出自然规律，以认识其发展变化，这是以往的农学家所没有做到的。比如，他搜集了自春秋时期至明朝万历年以前，所有蝗灾的历史记录，进行分析研究，确定了蝗灾多在每年夏秋之间的规律。

徐光启是一位有远大眼光的科学家，他的《农政全书》不仅是传述农业生产的经验，而且是从国家政策的高度和从全国或大的区域范围，研究垦殖、农田水利和抗灾的办法；他系统地阐述了开垦、水利、开荒等政策措施与农业的关系，这也是前人所未做过的工作。他提出在北方要兴修水利、开展垦荒，提高农业生产，以解决南北经济不平衡的问题，并明确提出“凡地得水皆可佃”的观点。根据当时的政治、经济、军事形势，他主张要开发北方，特别是在京津地区屯兵垦荒。这是很有价值的战略思想。《农政全书》定稿的时期，距明王朝的覆灭，不过十几年了，昏聩（kuì）的封建主，对徐光启的睿思卓见是不会理解的。

上述这些农业科学的巨著，都是对我们祖先从劳动中取得的宝贵经验，经过科学地总结以后，再加以推广应用的；更有价值的部分是对后世的农业生产给予启迪。历史上记载说，元至元年间，当《农桑辑要》刊行问世以后，由于农事经验的有效推广，只要五六年便功效显著。又比如《齐民要术》，它所记叙的地理范围是黄河中下游，这一地区经过多年的战乱，生产凋敝，人口零落。在北魏统治的约170年间，积极地进行“劝农课桑”，恢复、发展农业生产而逐步统一了北方。《齐民要术》对这些措施和成果的综述，对以后几个世纪的农业发展，是起了提供技术基础作用的。至于《农政全书》更是高瞻远瞩，对于封建国家应该做的和能做的有利于农业发展的政策性措施，提出了卓越的见解。可见我们祖先的科学工作，是多么紧密地结合着人民的生活和要求了。

二、水利工程

中国农业生产一直表现着能维持众多人口的特点，而为了保证农业生产的收获，水利工程是我们亿万人民世代关心的问题。我们的祖先很早就和洪水斗争，主要是和黄河斗争；并且大量地建设灌溉工程；为了在辽阔的祖国领土上通航，又大规模地建设着运河和漕运的网路。在这些伟大的工程和建设里，更涌现出无数优秀的工程师，累积了无比丰富的科学经验。

在古代传说里，禹是一位水利工程师。当时黄河在华北还没有像今天这样的水道。黄河上源卡日曲，出于青海省巴颜喀拉山脉各姿各雅山麓，全长5464千米。从昆仑东泄的河水没有固定的水道，在中下游便泛滥成滚滚洪流，只有一些高地和山陵露出水面，好像小洲和岛屿。面对这种自然的严重威胁，我们的祖先在当时物质条件极差的情况下，毅然进行大规模的治水工作，展开了征服自然、征服水的斗争，是非常艰巨而壮烈感人的。传说禹原是夏后氏部落的领袖（约在公元前22世纪），他吸取了前人鲧用筑堤拦堵治水而失败的教训，顺着水性，因势疏导，浚通江河，兴修沟渠，领导着人民一连战斗了13年，逐渐把汪洋无际的水流约束住，在华北平原上分成九条河，流入大海。孔子曾赞扬大禹说：“尽力乎沟洫。”河水受到约束，水流湍悍从高处下注，冲刷力强，所以海口畅利，经久不淤。在我国历史上这是第一次用人力确定了黄河入海的河道，其工程的浩大是可以想见的。禹所治理的河道，经历了1600余年，没有很大的变更。禹的治水工作遍及华北各地，传说在13年中，三过家门而不入，他那忘我的工作热忱，表现了为人民服务的优秀的民族品德。关于禹的传说，虽然到现在还没考古发掘到具体而丰富的物证，但是，禹的事迹在秦汉的古籍里，占着重要的地位。他的工作，对于当时的人们这样有利，使广大群众能摆脱水患，从而发展农业，建设

武梁祠夏禹像

家园，以至后人把一切古代的水利工作，都附会给他了，以表达人们对他的不朽的功绩的尊敬和感戴。

禹的治水工作，初步地克服了严重的水患，为我华夏民族打下了在这片土地上生息繁衍的基础。但是，黄河从上游带着大量的沙砾疾行而下，到了下游，人民都引河灌田，或凿渠引河水通航，长年累月河水分流使水流缓慢下来，以至入海的出口渐渐淤塞。因此，一遇涨水就不时溢出，仍造成水患。这种情况一直到王莽时（公元9—22年），有位长安的灌溉工程师张戎，科学地指出了水流流速与沙淤的关系。他说："水性是向低处流的，流快了冲刷力大，河床日渐加深，便可没有水患。因为河水含沙量大，一石水含六斗泥，所以像目前这样，大家引用河、渭的水灌田，使河流缓慢，那么沙砾就会沉积，水涨时就要溢决。而且，几度筑堤阻塞，河床就会高出地面，这是最危险不过的。我们应该顺从水性，劝阻大家不要用黄河的水灌田，要使河水流行通畅，自然就没有水患了。"张戎提出的这个问题，在古代，是符合实际情况的，也是以后有名的水利工程师们——王景（东汉，公元1世纪）、贾鲁（元，公元1297—1353年）、潘季驯（明嘉靖时，公元1521—1595年）、靳辅（清康熙时，公元1633—1692年）等治河的基本原则。他们根据这个原则，创造了"筑堤束水，借水攻沙"的治水方法。

这些工程师，在坚决执行这个原则时，还克服了不少工程上的困难，发动了千百万的人民群众，完成了许多伟大的修渠筑堤工程。例如贾鲁于公元1351年（元至正十一年）任工部尚书总治河防，他实地视察拟定以疏、浚、塞并举的“治河策略”，使已决口河道北移的黄河恢复故道。征发民工15万人、军士2万，4月兴工，7月疏成长达140多千米的故道，8月堵塞决口，至11月全部完工，使黄河回归故道。在进行堵口工程时，正值秋汛，水涨流急，难于施工，他就用石沉连锁大船27艘，做成挑水坝，创造了水利史上有名的“石船堤”。这种石船堤的办法，到现在还是堵口工程中的有效办法。

又如潘季驯，在公元1565—1595年30年间，四度负责治河，前后共完成堤岸1500多千米，是治黄工程上最伟大的事迹。这些卓越的工程师们，在施工时，都和参加工作的人们密切地结合着。潘季驯在工事紧急时，带着背疽和群众一起劳动，鼓励着大家，坚定了工作情绪，使河工转危为安。他们在施工时，还时时把治河的道理向群众宣传，争取群众的了解和信任。所以群众提起潘季驯，都说：“不但潘老头懂得黄河，就是黄河也懂得潘老头。”但是，他们一面进行工作，承担着艰巨的任务，一面还得听着统治阶级无知的攻击嘲笑，指手画脚的阻挠，甚至无理的责难。潘季驯在30年间，有好几次不能进行工作。他曾说："治河不难，而难众口。"可见科学工作者在封建时代所处的境地，被统治在无知的官僚手下，使有才智的科学工作者们也不能充分发挥力量。

这些卓越的水利工作者，忠于职守做出了贡献，他们也科学地总结出工作经验。贾鲁的同伴欧阳玄便写出了一本《至正河防记》（公元1360年），很详细而有系统地叙述着：在治堤时，刺水、截河、护岸、缕水等方法；治埽（sào）时，岸埽、水埽、龙尾、栏头、马头、埽台等方法。这是人类史上第一本有系统的水利工程著作。

在沈括的《梦溪笔谈》里（卷一一，官政一，207）还谈过一段故事：宋庆历年间，黄河在河南商胡（今濮阳县东）决口，多次堵塞不能成功，所用中间一个合龙门的埽长约300尺，总是被大水冲掉。有一位叫高超的工人建议说："埽太长，人力压不到底，所以水流没有断而绳缆都断了。应该把埽分成三节，每节约100尺，两节之间用缆索连起来。先下第一节，等它到水底之后，再压第二节，最后压第三节。"一些墨守成规的人争论反对，高超解释说："第一节固然堵不住水，但水势已减小一半；到压第二节时只要用一半的力，水流没断但更弱了；到压第三节时，是平地施工，可以充分使用人力，待第三节安置好后，前两节自然被浊泥淤塞，不用再加人力。”督防的官僚不采纳高超的建议，仍用300尺的长埽，结果还是被冲走了，决口更厉害。最后是采用了高超的办法才把商胡决口堵住。在我国水利工程实践中，还有无数位像高超这样地位低微不见经传而有聪明才智的无名工程师。

我国既有这样广大的领土，内陆水运是非常重要的事。我们的祖先，几千年来在全国范围内，开凿了无数的运河和航道。比如，在江苏境内最早的水利工程之一，是春秋时代，公元前495年，吴国的伍员（即伍子胥）以太湖为中心，领导人民开凿的长江下游三角洲的运河网。这一地区有着无数的港汊湖荡，利用自然河流开辟人工运河网是较便利的。但是自然河流愈多，问题也愈多而复杂，如地形、水势、农田旱涝等，再加上生产技术的限制，工程是十分艰巨的。劳动人民以坚强的意志，克服重重困难，天才地完成了这些运河工程。吴国原是僻远小国，当时积极发展农业，国力逐渐强盛，再经过开发内河航运，更进一步地促进经济繁荣，因此吴国便成为南方新兴的大国了。运河网不仅对当时的经济发展做出贡献，而且经过不断的疏通修浚，长期为人民所使用。人民为了感怀伍子胥的功绩，将主要的一段河道称作“胥涌”，现称“胥江”，以为纪念。现今吴县（今苏州吴中区——编者注）西南，从木渎到太湖胥口的一段即其遗迹。

又如秦代史禄开凿的灵渠。秦始皇击灭六国后，建立了统一的中央集权。到公元前221年，秦始皇又派兵50万向岭南进军，要统一东瓯（浙江南部）、闽越（福建）和南越（广东、广西）。在广西湖南交界处，五岭山路崎岖，运输困难，战事不利。由监御史禄（古代以官为姓，后称史禄）负责开凿运河以沟通湘江和漓江，大约于公元前214年（秦始皇三十三年）完工，这就是灵渠。航道既通，秦始皇增军南进，终于取得胜利，统一岭南后开设了桂林、南海、象郡三郡。

灵渠在广西兴安县附近。兴安县北是越城岭，最高峰苗儿山（俗称老山界，海拔2142米），地势由北向南倾斜，有六洞河发源于苗儿山南麓向南流，与黄柏江、川江汇合为大溶江（也称桂江），再向南即为漓江经桂林、梧州而注入西江（珠江水系）。兴安县南是海洋山，在灵川、灌阳二县交界处，地势向北倾斜。有海洋河（古称海阳江）发源于海洋山北麓，向北流到兴安县城附近称湘江，东北向流入湖南经洞庭湖而汇入长江。湘、漓异源，南北相距不下40千米。但是漓江上游的始安河，和湘江的小支流双女井溪汇入湘江处，在兴安县附近相去不足1.5千米，而且水位相差不大，湘江平均海拔204米，始安河海拔210米。两河之间只隔着一些小丘陵：太史庙山、始安岭和排楼庙，南北走向，宽仅300米至500米，相对

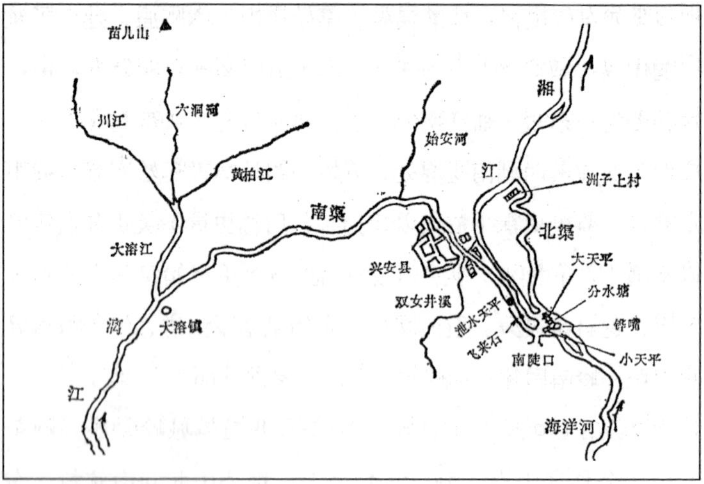

灵渠示意图

高度20米至30米。史禄带领劳动人民进行开渠工程，便发现了这些极为有利的自然条件，经过周密考察研究后，选定了在兴安县城东南2千米的渼潭（现称分水塘）筑坝分水。公元前214年建成灵渠。

灵渠工程包括南渠、北渠、铧嘴、大小天平、石坝、斗门、泄水天平。在海洋河中叠石筑坝，坝呈人字形，前端有铧嘴，前锐后钝形如铧犁。铧嘴高约6米，长约74米，宽约20余米，用巨石叠成。铧嘴位置偏向海洋河南岸，锐端所指方向正对着海洋河主流线。铧嘴尾端接着石坝，石坝是人字形，使堤坝与水流方向斜交，这就提高了泄洪作用，而减弱了洪水对堤坝的压力，完全合乎力学原理。人字坝斜向北渠的称大天平，长380米，斜向南渠的称小天平，长120米。石坝两边各开渠道，左为南渠，右为北渠。上游下来的水遇铧嘴分为两股，顺入两渠。南渠从分水塘的南斗门北边经兴安县至溶江镇灵河口流入漓江，全长30千米，河道直而窄，水浅流急。在南渠上有两段更艰巨的工程，一段是劈开高20米左右、长370米的太史庙山；二段是南渠自南陡口至兴安县城水街的一段东岸渠堤，长约2千米。堤顶约3米，底宽约7米，高出水面约1.5米，因始

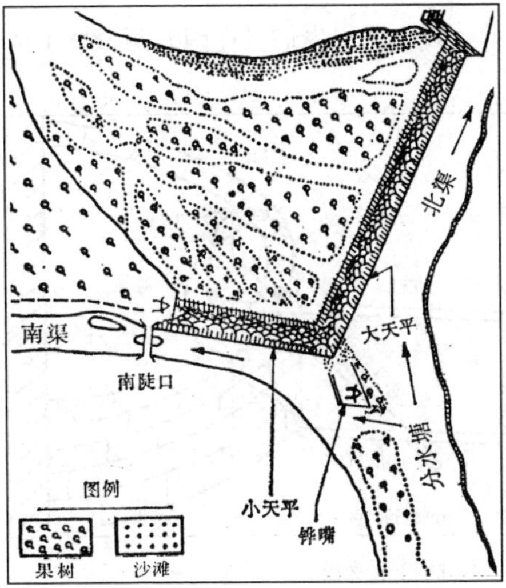

天平与铧嘴示意图

建于秦代而被称为秦堤。在“飞来石”附近，依山傍水筑堤，工作非常艰难，但是我们的祖先不仅解决了工程问题，还把这里安排得绿树成荫，水光山色，风景如画。现在还留有一些石刻。自分水塘北流的是北渠，蜿蜒于湘江冲积平原，到洲子上村附近再入湘江，距离本是2千米。我们祖先为了解决渠陡流急的问题，将北渠挖得迂回弯曲有两个S形，全长4千米，从而延长流程，降低水位落差，使水流缓慢，便于通航。北渠河道弯曲而宽。铧嘴和天平是灵渠工程的关键部分。铧嘴将海洋河水激水分流劈为两支，一支顺南渠入漓江，一支经北渠归湘江，相传“三分入漓，七分入湘”。

为了更好地调节排洪，我们的祖先们又在南北两渠修了泄

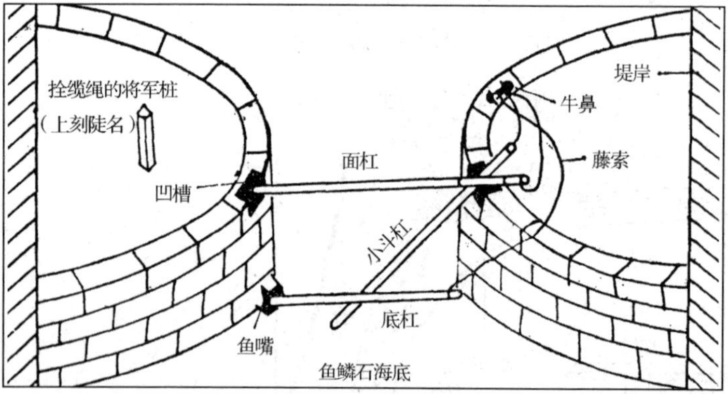

陡门示意图

水天平；为了控制落差便于航行，又在渠道水浅流急的地方设置“陡门”，上下有36道。陡门上有石穴，用木杠横穿，支上用三根木棍扎成的“陡脚”，遮上用竹片、竹篾编成的帘子叫“陡笪（dá）”，就可以拦断水流。船只入陡时，关闭陡门，节节而上；放开陡门，节节而下；载重万斤的船可以往来航行。“陡门”，是我们祖先为使船只能在水浅流急的运河上航行的伟大创造，其作用可与古比雪夫水电站（又名伏尔加列宁水电站）的船闸媲美，但陡门的结构简单，取材经济。

灵渠沟通了长江水系和珠江水系，成为岭南和中原水路交通运输的大动脉，以后历代都多加修浚。在公元40年（东汉初年）名将马援曾在西南规划修理；公元1396年—1399年（明初洪武年间）曾浚修加宽。晚至明、清两代，灵渠仍是南北水路要道。《徐霞客游记》中曾说灵渠河道上“巨舫鳞次”，船只往来不绝，可见水运之盛，它在南北交通线上，有着巨大的贡献。

在2000多年前，那样困乏落后的年代里，我们的祖先没有现代化的工具，没有现代化的材料，全凭手和脑，缜密考察，精心构思，灵巧设计，群策群力修成灵

灵渠特种邮票

渠，真是天才的科学创造，我们怎能不满怀崇敬而感到无比光荣呢？

有幸几次到灵渠参观，深受教益。在灵渠铧嘴尾部，有一座碑亭，飞檐方柱，亭内竖一石碑，宽约1米，高约2米许，刻着“湘漓分流”四个大字，笔力浑厚。亭基在地面上而高于碑基，碑下挖一大坑，碑基即坐入凹坑，只有“湘漓分”三字在地面上。据闻是近时地方上为保护石碑并添建风景点，委托一位建筑工程师设计碑亭，谁知工程师同志闭门造车画出图纸，待施工后才发现亭子太矮了，便做了如此的处理，又不知道为什么不可以把亭子加高呢？这样一座现代不伦不类的亭子，竟兀立在灵渠的天平坝畔，真使人觉得不胜汗颜，愧对祖先！

现在我们要谈到举世闻名的大运河。

我们祖国大地的形势是西高东低，主要大山都是东西走向；在我国东部有许多河流，也大都是由西向东奔流，各不联系。为了发展南北交通，我们的祖先以高度的聪敏才智和无比辛勤的劳动，开凿了大运河。它是我国历史上沟通南北，在经济上有重大价值的河流；它全长1700余千米，也是世界上修建最早最长的一条人工河。

大运河从北京经天津、临清、济宁、淮阴、江都、苏州，一直到杭州，地形复杂，全程高度差别几达40米。北京海拔35米，天津几近海面，向南又渐高，到黄河交口接近济宁一带，是全河最高点，海拔39米，此后愈向南愈低落，到长江以南又低近海平面。为了保持各段水位，便利河运，共设水闸21道。从对运河南北高度的发现和合理解决来看，我们的祖先对于水平测量的原理和运用，必然是有很好的成就的。大运河的开凿修建，可以说是代表着我国水利工程的发展历史。

最早开凿的运河是在公元前5世纪时，吴王夫差打败越王勾践后，雄心勃勃想争霸中原，把都城由苏州迁到邗（hán）城（今扬州），为了加强运输，沟通江淮，修了“邗江”（也称“邗沟”），故道自今扬州市南引江水北过高邮县西，折东北入射阳湖，又西北至淮安，由末口入淮。它沟通了长江和淮河间的水道，就是淮南运河，大致是现在里运河的一段，为后来大运河奠定了初步基础。公元369年（东晋太和四年），桓温由建康（今南京）北上攻燕，天旱河涸，就让军民开河运粮，利用巨野湖（山东巨野境内大湖，元末干涸）的丰富水源开辟河道，由鱼台通到济宁，使淮河经泗水连通这条运河，从河南滑县地界流入黄河；全长150千米，称“桓公沟”，以后发展成山东南运河。

隋朝建都大兴（今西安），为控制东北和东南的粮食赋税，公元584年（隋文帝开皇四年）开通广通渠，自西安市西北引渭水东到潼关达于黄河，再通到洛阳。公元587年（隋文帝开皇七年）开修山阳渎（山阳即淮安），实际上是将邗沟旧道全面修浚，进一步发挥其运输作用。公元605年（隋炀帝大业元年）开通济渠，自洛阳西引谷水、洛水，东循阳渠故道由洛水入黄河，再由荥阳（板渚）北引黄河水东行汴河故道，到开封折而东南流经今杞县、睢（suī）县到商丘，东南行蕲（qí）水故道又经夏邑、永城、安徽宿县、灵璧、泗水、江苏泗洪、盱眙（xū yí）入淮水，与淮南运河相接，全长1000多千米，是沟通黄河长江航道最早的水利工程，在隋的运河中，是最重要的一条。公元610年（隋炀帝大业六年）又开凿了江南河，从江苏镇江经常州、无锡、苏州等地到浙江杭州，长约330千米。江南河是大运河的最南一段，和通济渠相接，构成东南运输的大动脉，在当时和以后唐、宋两代，对中原和江淮地区之间经济文化的交流与发展，都起了促进作用（唐代改通济渠名广济渠），公元608年（隋文帝大业四年），隋炀帝又征集劳力百余万人，开永济渠：在河南北部武陟沁水东岸到汲县，用清水下接淇水、屯水河、清河到天津，再用沽水上接桑干河到涿郡，即今武清以下的白河和武清以上的永定河故道；山东临清往北的一段即河北的南运河。永济渠的主要工程是开修现在的卫河，使洛阳涿县间水道相接，航程共长1000多千米，成为隋朝控制东北钱粮的动脉。

隋朝所开通济渠、永济渠和江南三条运河，总长有2400余千米，已初步形成了大运河的规模，前后仅用了6年的时间。在古代历史上是任何一个国家都不曾有过的业绩。这是我国古代千百万人民付出了巨大的牺牲，艰苦的劳动，所创造出来的奇迹。

唐朝建都长安，继续使用隋的运河，没有修凿新的工程。公元738年（唐开元二十六年）因运河在镇江穿越长江，要绕

卫河永济渠浚县段

瓜州几十里沙滩，航程弯曲，由齐浣（huàn）建议在镇江京口埭（dài）开凿伊娄河，改善了航道。公元1058年（北宋嘉祐三年）李禹卿整理了江南的河道，在太湖区域筑堤40千米，修了练湖，增设了陡门水闸（zhá），为今日江南运河确定了现代化的基础。公元1118年，陈损之等大举兴修淮南运河，设立陡门水闸70余座。淮南运河于是渐入成熟阶段，南宋以后成为经济上的运输干线。这时，南北运河都已分别形成。但是，济宁以北到黄河一带，地势高出海平面很多，在1000多年中，都没能直接沟通，这个艰巨的工程是到元朝才完成的。

江南运河南浔段

元朝建都“大都”（今北京），江南漕运若依隋朝运河航线运转，要由通济渠绕道转由永济渠北上，中间还需经过一段陆路，很费周折，费时费钱。为了改变这种不利条件，公元1283年（元至元二十年）忽必烈命李奥鲁赤等征调民工，从济宁开凿济州河（由济宁到黄河口），天才地利用汶、泗两河的水流，强迫灌注济州河，然后分别流入南北运河，增加运河的水量。以后根据这个原则，经公元1411年（明永乐八年）宋礼和公元1779年（清乾隆四十三年）多次整修以后，便达到了现在的状况。大运河的最后两段，也是在元朝完成的。公元1289年（元至元二十六年）马之贞和边源设计开凿会通河，从东平附近的安山起，经过寿张、聊城抵达临清，利用汶水作水源，由临清入卫河，全长120多千米，施工6个月就初步完成了，缩短航程，连接南北，南来漕船可不再绕道，直达通县（现北京市通州区——编者注）。但是120多千米的河道，河床升降坡度高达14米，因此以后不断进行整修改建，达30余年。公元1292年（元至元二十九年）由郭守敬建议开凿通惠河，引昌平的神山、玉泉等水，穿过北京城，通到通县高丽庄流入白河，长82千米，并设有坝闸20座。通惠河是大运河最北的一段，由通县可以直达北京。

元代济州、会通、通惠三条运河的开凿，是大运河历史上的重要发展阶段，确定了大运河完整的航运系统，基本上完成

通惠河通州段

了全部运河的伟大工程。运河在我们祖国的历史上，占着非常重要的地位，它促进了政治的统一，南北经济、文化的交流。在开凿、改建、整修中，我们的祖先们又创造出无数卓越的成就。因此，大运河的形成，代表着2000年来我们历史上无数有名的、无名的工程师和亿万劳动人民血汗的结晶。

我国既有发达的农业，所以关于灌溉工程的成就，当然也是数不胜数的。我们现在提出一个较著名的工程——都江堰，以说明我国历史上灌溉水利工程的成就。

都江堰已有2300年的历史，是李冰父子设计修筑的。公元前316年，秦惠王灭蜀后，命李冰做蜀郡太守，当时蜀郡就设在成都。“四川盆地”的成都平原，周围有三四千米的高山环绕，中间低洼，总面积约17万平方千米。盆地西边有海拔七八千米以上的高山，每年山水和融化的积雪汇流冲入成都平原，而当时岷江宣泄不易，经常泛滥成灾；水退以后，又可能造成局部的旱灾。在这种水旱天灾的环境中，怎样克服水患，保证生命安全和农业生产，就成了古代四川人民的迫切要求。尤其是克服岷江每年的水灾泛滥，是首要的工作。

李冰和他的儿子二郎领导劳动人民，仔细勘察，依据地势和水情，选择岷江从山溪急转进入平原河槽的灌县一带，做施工作堰的地址，这里施工比较容易。他们就地取材，采用竹笼装满卵石，编砌分水堤埂，迎合水流，叫作“鱼嘴”。“鱼嘴”把岷江分为两股，一股是外江，也就是岷江正流；一股是内江，又名都江。为了使内江水流通畅，灌溉内地的水田，他们又开凿了一个山嘴，叫作“离堆”，在“鱼嘴”和“离堆”之间，及其附近，还筑有导流、平流等工程，使水流能顺利地分流入内江，并且保持内、外两江水量的适当分配。“鱼嘴”的前端尖锐，形状如“金”字，因此又称金堤。它的作用，在于分配内外两江春季的水量。到夏令涨水后，鱼嘴便失去分水的作用。这时，就以离堆作为第二道分水鱼嘴。每年霜降时节，外江断流淘修，到立春时节，外江才开堰。然后再把内江断流淘修，到清明时节，内江也开堰。此后两江并用，所以春耕用水，足够普遍供应全区。又，在江水断流的时候，都用截水“杩槎（mà chá）”，这是用三支粗木杠扎成的三脚架，排列在一起，另外用竹篓装满卵石，叫作压盘石，压住杩槎脚；在它的外面，用竹签、竹篱和黏土等，填成一道临时的挡水坝。当外江断流的时候，岷江的水全入内江；相反，当内江断流，岷江水又全入外江。杩槎除了截水之外，也可用来调节水量。这种土产的临时断流设备，不只方便了岁修施工，更是科学地适应物质条件的伟大创造。

由于都江堰工程灌溉了成都附近14个县500万亩的水田，使

都江堰远景图

成都平原变成了2000多年来的“天府之国”。至于都江堰以下的灌溉系统，也是世界上有名的灌溉系统之一，都是依据天然地形，布置了无数的纵横交错的沟渠，灌溉排水，兼筹并顾，而且多数支流都能通航。不论岁修或浚淘，都可以就地取材，

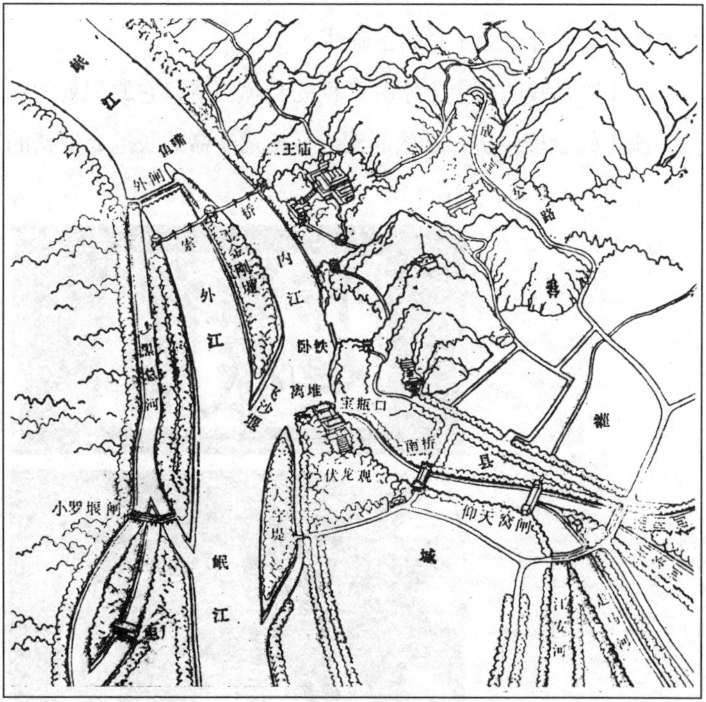

都江堰工程示意图

（转录自四川灌县文物保管所编印的《都江堰名胜》）

简易处理。我们可以设想当时既无精密的测量仪器，又无近代的施工机械，而能建成这样完善的巨大工程，怎能不对我们的祖先无限地敬仰和爱戴。

这个工程在万难中施工，完成以后，又科学地总结了调节水流的原则：“深淘滩，低作堰”。这个科学的结论，在后人的实践中，充分证明了它的正确性。

都江堰是我国历史上水利工程的光辉创造，它的规划的完美，施工的合理经济，功效的宏大，使用寿命的长远，岁费的

都江堰治水“六字诀”碑和“三字经”

俭省，在世界古代史上，是独一无二的奇迹。都江堰灌溉着成都平原数万顷良田，所以成都“天府之国”的美誉，不是大自然的赐予厚爱，而是由于人们的劳动和创造，对大自然的合理改造。四川人民为了感戴修筑都江堰的“工程师”，在都江堰立祠纪念李冰父子，这便是有名的“二王庙”。原来的庙宇在“文化大革命”中毁坏不堪，现已重加修葺（qì），并新制李冰和二郎的塑像，供人瞻仰。

我国最早的水利灌溉工程，今天知道的还有：周定王时期（公元前606—公元前586年），楚令尹孙叔敖所修的皖北寿县故安丰城南的芍坡，也称作安丰塘，可以灌田万顷；其他如周末魏文侯时期（公元前403—公元前387年），邺（yè）县令西门豹开凿的漳水十二渠；秦时在陕西开凿的郑国渠和宁夏的秦渠等，都是我国古代有名的水利工程。但是在规模上和效益上，都比不上都江堰。

我们的祖先遗留下来的水利工程，几乎遍及全国。他们克服了祖国大地上不利的自然条件，使人民生活丰衣足食。我们应当珍爱这份伟大的遗产，并要创造出更宏伟光辉的事业。

里耶秦简“九九表”木牍

三、数　学

我国古代的水利工程是结合农业的，农业的发展也离不开天文、气象，这些科学又都离不开数学计算，所以数学的发展，也和农业有密切的关系。由于农业生产的需要，我们的祖先在很早的时代，便在数学上有了杰出的贡献。在殷墟发现的甲骨文中，就有十进制的数字。在甘肃北部的居延和西部的敦煌，发现了汉简“九九表”。在山东嘉祥县的汉代武梁祠石室造像中，就有手拿矩的伏羲和手拿规的女娲的蛇身人面像。从图上看，“矩”和现在的角尺或三角板差不多，“规”和现在的圆规差不多。在河南安阳发掘的殷代车轴上的饰品，画有五边形、九边形等几何图形。这些都有力地说明，我们的祖先们在数学知识、仪器等多方面的天才创造。

在春秋、秦、汉之间，我们的祖先为了计算天文历法的数据、田亩的大小、赋税的多寡、粮食的运输管理等与农业生产有关的事物，创作了有名的《周髀（bì）算经》（约在公元前100年左右）和《九章算术》（约在公元40—50年）。这两本书里，总结了那一时代优秀的数学家如商高（约公元前1100年左右）、张苍（公元前256—公元前152年）、耿寿昌、许商、杜忠（公元前20—30年）等的天才创造。他们已经运用了单分数、多元一次联立方程式、等差级数等代数方法，和“径一周三”的圆周率、“直角三角形的勾股方等于弦方”等几何方法。

《周髀算经》里记载着商高、陈子等怎样利用周髀（立竿）测定日影，再用勾股法推算日高的方法。周髀高8尺。在

清《金石索》中记录的山东嘉祥县武梁祠石室中的伏羲女娲像

镐京（今西安附近）一带，夏至日太阳影长1尺6寸①，再正南1000里②，影长1尺5寸，正北1000里，影长1尺7寸，用相似形比例求得立竿至太阳直下方地面一点的距离，推算了夏至日、冬至日、太阳离地面的斜高。又取中空竹管，径1寸、长8尺，用来观测太阳，发现太阳圆影恰好充满竹管的视线，于是用太阳的斜高和勾股的原则，推测太阳的直径。这些测定的数据，当然非常粗略，和实际相差很远。但是，在3000年前那样早的时代，我们的祖先们已有如此天才的创造和实践的观测精神，是值得我们钦仰而应学习的。

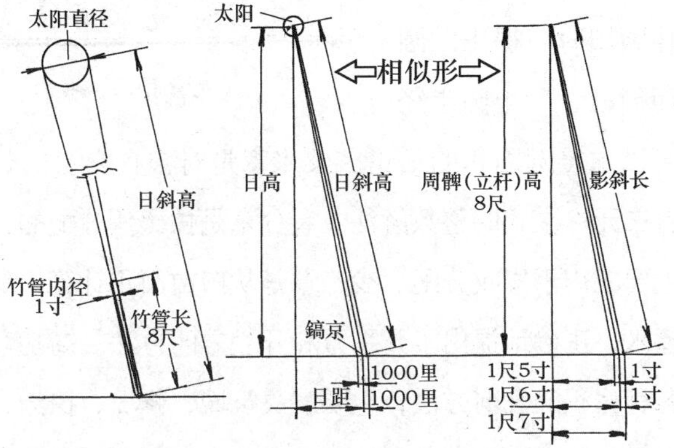

商高陈子测日图

① 1尺＝10寸＝1/3米。

② 1里＝1/2公里=1/2千米。

《九章算术》共分九章，包含246个问题。九章是方田、粟米、衰（cuī）分、少广、商功、均输、盈不足、方程和勾股。方田章里主要是计算田亩面积的各种几何问题，像：方田、梯形田、斜方形田、圆田、半圆形田、弧田、环形田的面积计算。在计算圆田时，提出"圆径一而周三，"半圆半径相乘可以求得圆面积的结论。粟米章是对粮食交易的计算方法，有二元一次式的整数解法。衰分章是按比例分配的计算方法，主要应用于岁收分配。少广章是从田亩面积计算周长边长等的算术，正确地提出了开平方和开立方的方法。商功章提出计算各种体积的几何方法，主要解决筑城、修堤、挖沟、开渠等实际工程上的问题。它总结了当时土木工程的施工经验，例如科学地指出等重的土壤原体积、碎土体积和建筑用坚土体积的比例，约为4：5：3；又如冬天施工筑堤，每工可以修444立

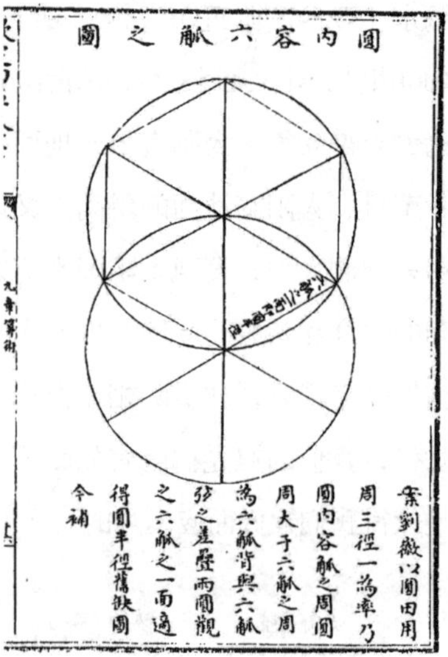

《九章算术》书影

方尺（指周尺），春天施工挖沟，每工可挖766立方尺，担土的人工加1/5，夏天每工可挖871立方尺，若是沙砾地带人工加倍。这些都是土木施工核算的宝贵经验。均输章是管理粮食运输，均匀负担的计算方法，有些内容是一元一次式和等差级数的问题。盈不足章处理了各种二元一次联立方程式的问题。方程章处理了各种三元一次和四元一次联立方程式问题。勾股章处理了各种几何问题，正确地提出了勾方股方之和等于弦方的重要定理。

《周髀算经》和《九章算术》都有着极丰富的内容和实事求是的精神，具体表现出我国古代的优秀数学家们，是把他们的工作和智慧，密切地和人民生活、生产实践相联系，忠诚地为人民服务的。

关于直角三角形的勾股弦定理，据《周髀算经》记载早在周代就有商高“勾三股四弦五”的特例。稍后就有陈子发现的普遍的勾股弦定理。这个定理在西洋数学史上叫作“毕氏定理”，认为是希腊人毕达哥拉斯首先发现的，其实他比我国古代数学家陈子晚了600年！我们的祖先不仅在勾股弦定理的应用上比西洋毕氏早，而且在这个问题的几何证明上，也有独特的成就。汉代数学家赵君卿，天才地用几何证明了这个有名的定理。他的证明很简单（《周髀算经》中的“弦图”），就是勾股相乘的二倍——四个三角形的面积，加上勾股之差的自乘——中间小方块的面积，等于弦的自乘——斜方形的面积。再用代数简化一下，便可以得到勾方股方之和等于弦方的定理。在外国用同样方法证明这个定理的，最早当是印度数学家巴斯卡剌·阿克雅（公元1150年），但是比我国古代数学家赵君卿却晚了1000年！

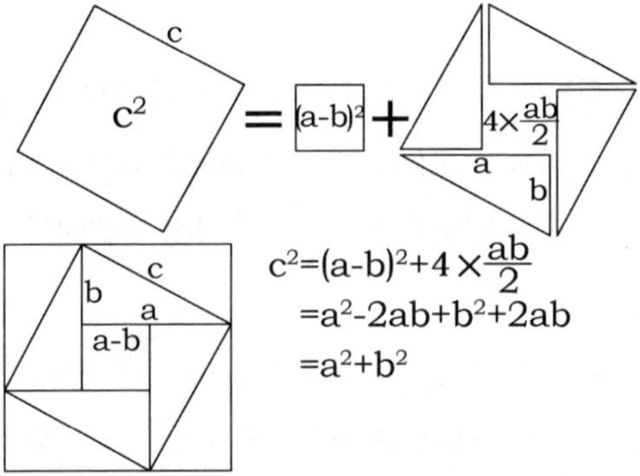

勾股弦定理

我国古代的数学家们，在圆周率的算法上，也走在世界的前头。在《周髀算经》上说到“圆径一而周三”。这只是圆内接正六边形的周长与直径之比，作为圆周率显然是不够精确的。以后就有许多数学家研究圆周率：汉代刘歆（公元前后）

得圆周率3.1547；张衡（公元78—139年）得“开方十”。张衡的圆周率，比外国的早得多，在印度著名数学家罗门加塔（公元600年左右）的著作中，和在阿拉伯算书（公元800年左右）中，曾见到同一数值。三国时代的刘徽（公元263年曾注《九章算术》），更发表了著名的“割圆术”（求圆周率法），不但奠定了圆周率推算的科学基础，同时也阐明了积分学上算长度和面积的基本概念。他说：“割之弥细，所失弥少，割之又割，以至于不可割，则与圆周合体而无所失矣。”他用折线逐步地接近曲线，用多边形逐步地来接近曲线所包围的图形。他用圆内接六等边形、十二等边形、二十四等边形的边长之和，来逐步推算圆周的长度，一直算到内接正九十六边形，得到圆周率3.14。在那样早的时代，刘徽就利用了这样进步的数学方法，真是我们民族的骄傲。

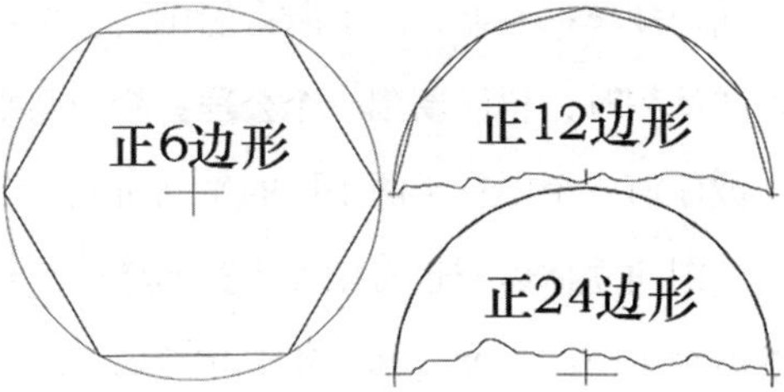

用正多边形求圆的周长

到南北朝时，祖冲之（公元429—500年）对前人所得圆周率认为都不够精密，而进行深入探讨和研究，走上了渐近值论的大道，著《缀术》一书。他证明圆周率在3.1415926与3.1415927之间，并且用22/7和355/113做疏率和密率来表示。用近代渐近分数来说，这两个分数正是最佳渐近分数的首两项，下一项便异常复杂了。祖冲之是世界上第一位把圆周率数值定到七位小数的天才数学家，他的贡献是具有世界意义的。西洋人对圆周率的精密计算，一直到日耳曼人瓦仑丁·渥脱（公元1573年）才推算到这个程度，比祖冲之晚了1000多年！难怪有一位日本数学家曾提议，应把圆周率称为“祖率”，以资纪念。

祖冲之的儿子祖暅之也是一位优秀的数学家，他做出了卓越的贡献：用几何方法，求得了圆球体积和直径的正确关系——“开立圆术”。他求得圆球体积等于圆周率乘圆球半径立方的三分之四。这个公式虽和亚基米德（即阿基米德，公元前287—公元前212年——编者注）所得的相同，可是步骤却不同。他在求圆体积时，自己新创一个公理：介于两平面之间的两个立体，被任何一个平行于两平面的平面所截，若两截面的面积常相等，则两立体体积也必相等。在西洋，一直到意大利数学家卡发雷利（公元1598—1647年）才提出，比祖暅之晚了大约1000年了！现在一般对这公理称作“卡发雷利公理”。显然是错误的，我们应该为它“正名”，称作“祖暅之公理”！

我们的祖先，对于多元联立方程式的解法，也有非常重要的贡献。《九章算术》的方程章，就是专论联立一次方程式的解法的。在那时所立算式，未知数不用符号表示，只用算筹自上而下排列各项系数（叫作筹算），把常数项列在最下，完成一行。二元有二行，三元有三行，算筹并列，形似方阵，所以叫作“方程”。解方程的消项办法，和现代常用的加减消元法相似。而对各项的正负数，也已经能够妥善处理。到公元13世纪前后，我们的祖先又发明了“天地术”，用“天”“地”二字表示不同的未知数，来解二元高次方程式。元代朱世杰所著《四元玉鉴》（公元1303年），更推广到四元联立高次方程式的解法。外国解联立一次方程式，最早的当是约5世纪的印度数学家，到西洋的数学家讨论到联立一次方程式时，已是公元16世纪了。至于他们对多元联立高次方程式的研究，却是相当近代的事情。所以，我们祖先的方程式解法，确实在世界数学史上有着非常辉煌而领先的地位。

我国数学家在方程论上的贡献，也早在西洋各国之前。从《九章算术》的少广章里，提出了开平方、开立方的算法以后，祖冲之根据这些算法，能够求得一般的二次方程式和三次方程式的正根。此后，王孝通的《缉古算经》（公元620

1

1 1

1 2 1

1 3 3 1

1 4 6 4 1

1 5 10 10 5 1

1 6 15 20 15 6 1

1 7 21 35 35 21 7 1

“开方作法本源”图，即西洋“帕斯卡三角形”

年），也提出了三次方程式的正根解法。到北宋时（约公元1080年左右），刘益的《议古根源》和贾宪的《黄帝九章算经细草》，都指出开立方另有“增乘开方法”。这个方法和现在代数教科书里的“霍纳法”，步骤基本相同，是数学家用来求高次方程式正根的标准方法。到秦九韶的《数书九章》（公元1247年）和李冶的《测圆海镜》（公元1248年）问世，“增乘开方法”更进入非常完善的阶段。西洋数学家在同时代也都想用种种方法，求三次以上方程式的正根，但是大都繁复不切实用。直到意大利人鲁菲尼在公元1804年、英国人霍纳在公元1819年，才发现了和我们祖先的“增乘开方法”完全相同的算法。但是，他们比刘益、贾宪晚了约800年，比秦九韶、李冶也晚了约500年！

杨辉在《详解九章算法》时（成书于公元1261年），提出一个“开方作法本源”图。这图的构造法则是：两腰都是一，中间每数为其两肩二数之和。这样的三角形数字宝塔，是二项式定理中系数的基本算法。杨辉说这图“出《释锁算书》，贾宪用此术。”“释锁”是当时数学家称解高次方程式的别名。原书已经绝传，但是我们知道最迟在贾宪的时期（约公元11世纪末叶），我国数学家便已掌握这种做法了。杨辉所载图只有六次式的系数，到朱世杰的《四元玉鉴》上“古法七乘方图”，已经增加到八次式的系数。这个数字宝塔，在西方数学上叫作“帕斯卡三角形”（公元1654年）。根据西洋数学史家的考证，却说是日耳曼天文学家阿皮亚尼斯（公元1527年）最先发明的。但是，不管怎么说，他们都比我们的祖先晚了几百年！这个数字宝塔也应称为“贾宪三角形”，才符合历史的事实。

我国古代数学家的另一伟大贡献是“大衍求一术”。《孙子算经》（大约是汉魏之间的书）中有一个有名的古典题目：“今有物不知数，三三数之剩二，五五数之剩三，七七数之剩二，问物几何？”答数是二十三。解法如后：先求五、七相乘积的二倍得七十，以三除之余一；再以三、七相乘得二十一，以五除之余一；再以三、五相乘得十五，以七除之亦余一。然后将未知数以三除所得的余数（即二）乘七十，五除所得的余数（即三）乘二十一，七除所得的余数（即二）乘十五，三种积之和，如不大于一百零五就是答数，否则需要减去一百零五或其倍数；一百零五是三、五、七的最小公倍数。因为在解决这个问题时，必先计算甲乙两数乘积或其倍数，以两数除之，恰余一，所以后来秦九韶叫它“大衍求一术”。这一类题目，在宋朝周密（公元12世纪）的书里叫作“鬼谷算”“隔墙算”。杨辉叫它“剪管术”，俗名秦王暗点兵。明朝程大位在《算法统宗》里叫它韩信暗点兵，并把解算法概括为四句顺口溜：

三人同行七十稀，
五树梅花廿一枝，
七子团圆正半月，
除百零五便得知。

这种算法，在以后的天文学上，常常应用。秦九韶曾经推广了这种应用，并且补充了算法。“大衍求一术”不但在数学史上有相当崇高的地位，就是在今天，和外国“数论”（即关于整数的理论）里关于“一次同余式”的方法来比较，我们的方法也是非常具体、简单而优越的。在西洋，一直到欧拉（公元1707—1783年），才创立了和这种算法不谋而合的简法。现在欧美数学家整数论者，无不推尊我们祖先的伟大贡献，这个定理光荣地被称作“中国剩余定理”。

我国古代天才数学家的创造，当然不止这些。其余如元朝郭守敬的“招差术”（即差数法），和《算学启蒙》（公元1299年）关于级数论等理论，都是非常卓越的科学贡献。这些算学问题的提出和获得解答，都密切联系着做堤、做坝、造桥、建筑等重要的实际问题。这种理论与实际紧密结合的优良传统，正是我们祖先在数学上，获得光辉成就的主要基础。

四、天文和历法

当人类在穴居野外的原始时期，生活在大自然中，夜间要靠星辰辨别方向，靠月亮的圆缺计日，白天要靠太阳的影子确定时间等等，因此对于天文现象的认识，是十分关切而持久的。当人类进入到农业社会时，农业生活又促成了历法的发明和天文观测的开展。所以，世界文明古国如中国、古巴比伦、古印度、古希腊等，都有比较发达的天文学。但是，要算我们中国在天文学上的贡献最实用，天文观测的工作也最可靠而详密。

我国古代天文学最伟大的贡献，当是历法的不断改进。大概当我国进入农业社会以后，为了保证农业的及时耕作，对历法就非常注意。上古的历法现在已失传，但是从殷代的甲骨文上，可以看到3000年前，已经有13个月的名称。《尚书·尧典》说："期三百有六旬有六日以闰月定四时成岁。"所以那时一方面用366日的阳历年，一方面用闰月来配合月的周期，这又是阴历。这种阴阳历并用的情形，和古代巴比伦或希腊、罗马时代非常相似。不过，我们的祖先在战国时代，已能利用冬至、夏至的日影观测，很有把握地测定阳历年的长短。这在西洋，约当我国西汉末年时期，他们的历法还是非常混乱的。一直到罗马大帝恺撒确定了《儒略历》（公元前46年）以后，历法才上了轨道。阴阳历调和的困难，是由于月亮绕地球和地球绕太阳两个周期的不易配合。月亮的周期是29.530588天，地球的周期是365.242216天，两个周期互相不能除尽。但是，我国古代农历，却把阴阳二历调和得非常成功。阴历月大30天，月小29天。阴历一年有12个月354天，比阳历年少11天多；因此，如果在19个阴历年里，加上7个闰月，和19个阳历年几乎相等。我们的祖先在春秋中叶，便已知道用19年7闰月的方法来调整阴阳历。这比希腊人梅冬发明这个周期，早了160多年。春秋以后，秦用《颛顼（zhuān xū）历》（公元前246—公元前207年），汉武帝时用《太初历》（公元前104年），统以$365\frac{1}{4}$天为一年，和罗马恺撒的《儒略历》相同，可是比《儒略历》要早200年。

从汉以后一直到宋、元之间，经张衡测定了黄赤大距（即黄道赤道的交角），虞喜测定了岁差。在众多天文历法学家的努力下，我国历法已日臻精密。到宋朝，我国伟大的天才科学家沈括，提出了彻底改革阳历的意见，他把一年分作12个月，用立春那天作孟春的开始，惊蛰那天作仲春的开始。这样依次类推，不管月亮的朔望，把闰月完全去掉，只管时令节气。这样彻底的阳历，很适合农业生产的需要。但在当时，沈括却受到士大夫们的疯狂攻击，他的主张不被采用。沈括相信，不管人们怎么笑骂，将来总会有人理解他的意见的。果然，在1930年左右，英国气象局局长萧纳伯有同样的计划，不过他把元旦放在立冬节，称作“农历”。现在英国气象局统计农业气候和生产，就用萧纳伯的“农历”。沈括一定料想不到，他所倡议的历法，会在700年后的英国气象局里实行起来的。

沈括像

到元朝，中国版图横跨欧亚两个大陆，我国文化的各个方面都有新的成分加入。公元1267年（元太祖至元四年），西域人扎马鲁丁进《万年历》；公元1276年，又请郭守敬等改制新历，公元1280年颁布，叫《授时历》。郭守敬的历法可以说是集古今中外之大成，他的成就，实在不是轻易得到的。郭守敬的《授时历》每年有365.2425天，和实际地球绕太阳一周的周期，只差26秒；和现行《格列高利历》（即公历）的一年周期相同，但《授时历》比《格列高利历》早了300多年。

明朝的历法叫《大统历》，基本上和《授时历》一样，一连用了200多年未改。直到万历年间，意大利人利玛窦从广东到北京，徐光启跟他学天算，同时翻译书籍，制造仪器，西洋历法才引起国人注意。清朝的历法，多半是德国人汤若望和比利时人南怀仁所主持推算的。

到19世纪中叶，正当太平天国革命时代，当时在历法上也有改革。太平天国的新历叫《天历》，是每年366日，单月31日，双月30日，不置闰月，不计朔望，40年一斡（wò），斡年每月28日，斡年是洪仁玕（gān）建议的。因此，《天历》每年平均有365.25日，与回归年大致相同，它每年的日数整齐，便于记忆。

我国历代历法，史书记载共有99种。其中6种通行于上古时期，真本现已失传（《颛顼历》即上古六历之一）。有48种曾在秦以后推行过；还有45种，有的未曾采用，有的采用不久就改行别历，也都失传了。

“节气”是中国历法的特点。一年有24个节气，作为农事和生活的标志。北魏（约公元500年）以后，在历史里开始有了节气的名称和说明，从此节气的观念就逐渐深入民间，有了节气、月令，像“清明下种，谷雨插秧”等谚语，对于农业生产的指导，起相当重要的作用。

在秦朝吕不韦的《吕氏春秋》中，有“十二纪”的说法，汉淮南王刘安的《淮南子》（公元前150年前后）中，有“时则训”篇；《大戴礼记》中叫“夏小正”；《礼记》中有“月令”。在这些秦汉间的古书里，都详载了每年12个月的气候和农作物情况。这是节气记载的开端，但是还没有明确的名称和时序的规定。当然，春分、夏至、秋分、冬至的名称，在春秋时期便已知道了。《易纬通卦验》（大约是东汉末年的著作）里，有二十四节气的名称，从冬至（岁首）到大雪，和现行的节气名称顺序，一切相同。对每一节气都有气候物产等候应的说明。譬如《易纬通卦验》说春分的候应是“明庶风至”“雷雨行”“桃始华”“日月同道”等，都是当年黄河流域的气候情况。

天文观测是历法的基础。我国古代定一年四季的方法，最初是主要看黄昏星宿的出没。《尚书·尧典》把鸟、火、虚、昴四宿作仲春、仲夏、仲秋、仲冬黄昏时的中星。殷墟甲骨文里已有“火”和“鸟”的星名。《史记》里说古代有官名“火正”、专门观测“火”宿的昏见。可见在古代，春季黄昏“火”宿的初见，是一年四季里农业上的大事。“大火”就是心宿第二星。到了春秋鲁文公、宣公时（公元前7世纪），已采用土圭测日影，来决定冬至和夏至的日期；于是一年四季便定得更准确了。希腊亚纳雪曼达用土圭测定冬至和夏至，是公元前6世纪的事，比我国稍晚几十年！

我国古代天文家对于星象的观测和认识，有着惊人的成就。一般天文史学家的意见，认为我国大概在西周初年（即3000年前），已有二十八宿的分法。在《诗经》里有火、箕、斗、定、昴、毕、参、牛、女诸宿的名称。“牛”即“牵牛”，“女”即“织女”。二十八宿的全部名称，最早见于秦汉之间的《吕氏春秋》《礼记·月令》《史记·天官书》《淮南子》等书。我们祖先把靠近北极的星空分为紫微、太微、天市三垣，一周天分为$365\frac{1}{4}$度，太阳每天在黄道上移动一度。在黄道和赤道附近的星空，按东南西北四方，分成苍龙、朱雀、白虎、灵龟四象，每象分作七宿，共有“角亢氐房心尾箕，斗牛女虚危室壁，奎娄胃昂毕觜（zī）参（shēn），井鬼柳星张翼轸”二十八宿。

到战国时代（公元前4世纪），齐人甘德，根据观测结果，著《天文星占》八卷。魏人石申著《天文》八卷。后来有人将这两部古典著作合并为《甘石星经》一书。书中记载120个恒星黄道度数和距北极的度数。从这些数据，可以无疑地断定这

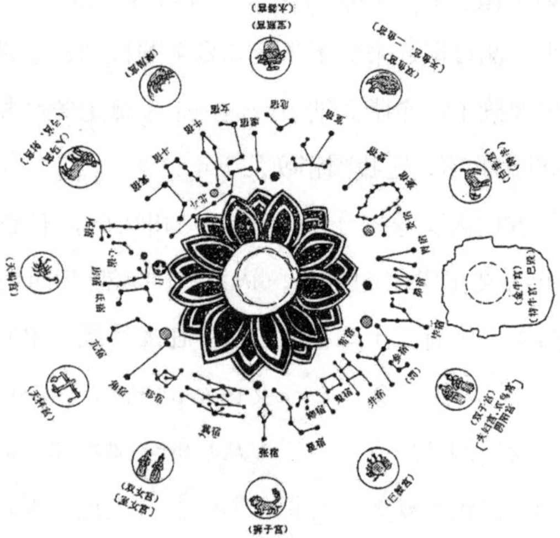

宣化辽墓壁画二十八宿十二宫注名图

些恒星位置的测得，是相当于战国中期，即公元前350—公元前360年的事。这比西方最古的恒星表（希腊亚列士都娄和地莫且利二人合著）早了七八十年。比西洋最著名的“多勒米恒星表”，更早了两个世纪！多勒米恒星表记载1020个恒星的位置，是多勒米在公元2世纪，根据公元前2世纪希普克斯观测的结果制定的。这些恒星表的精确程度，大致不相上下。到了东汉时期（公元100年左右），张衡已经晓得有常明的星124个，定了名字的星320个，其他的小星2500个，微星11520

个。张衡创造了浑天学说，说明天象的运行原则。根据他所测绘的星图——“灵宪图”（是我国最早的星图），做了“浑天仪”；立黄赤二道，相交成24度，分球体天空为365$\frac{1}{4}$度，立南北两极，布置了二十八宿和日月五星，用漏水使浑天仪自己运转，星象出没和真实天空完全一样。这便是现代“假天仪”的原始鼻祖。远在机械工业发展前约2000年的祖国，竟能发明制作出这样精巧的仪器，真是惊人而值得我们崇拜了。汉代学者蔡邕参观了这个仪器，曾经有愿意终生偃卧在浑天仪里的感叹，足见张衡的伟大和浑天仪的精巧绝伦了。

因为人们所熟悉的星宿数量渐渐增多，所以对星座的划分也日渐精密。《史记·天官书》分恒星为中、东、南、西、北五官，共98个星座，包括360个星。《汉书·天文志》分星空为118座，包括783个星。这样区分是非常精细的。我们的祖先早已知道恒星的视动，每天绕北极旋转一周。《论语》说：“譬如北辰，居其所而众星拱之。”祖冲之、暅之父子二人（公元500年左右），知道北极星虽然是靠近北极的星，但是测得极星距离尚有一度有余。到公元1247年（南宋理宗淳祐七年），黄裳根据当时的天文知识所做的“天文图”碑，共刻恒星1434颗，现在还保留在苏州文庙，是当代世界留存最古的星图。这些，都证明了我们祖先的科学工作，有着光辉成就和实事求是的观测精神。

我国有二十八宿的说法，印度、波斯、阿拉伯也有二十八宿的说法，而且有许多类似的地方。由此推测，可能这些国家和我们的祖先，在很古的年代便有了来往。到底二十八宿之说，是谁传给谁的，现在还很难得出结论。

除了历法和星象的观测之外，我国古代的天象记录，不但在时间上比世界各国都早，并且在数量上也最详尽。我国历史上的天文记载，可以构成世界上一部最详尽、可靠、年代最长的天文史。

在这些天象的观测里，要算日食最受人注意。在青天白日里，太阳忽然不见，出现了满天星斗，阴暗如黄昏，待太阳再度出现时，百鸟齐鸣，又如晨曦，这在古代先民社会里，确是一件惊心动魄的事情。我们优秀的祖先，对自然现象的观测和研究，历来是不懈努力的，对日食的奇异现象，自然便成为一切天象观测的重点了。所以3000年来，留给我们一部世界上最详尽可靠的日食史。殷墟甲骨文上就有日食的记载。《尚书·夏书·胤征》记载当时天文官羲和，因为没有预告日食，使人民惊惶失措，被国君仲康杀死，可见观测、预报日食的重要。这次日食，大概发生在公元前2137年10月22日，假如《尚书》的记载是可靠的，那么，这便是全世界最古的日食记录。《诗经·小雅·十月之交》篇，记载着“十月之交，朔月辛卯，日有食之。”这次日食是在公元前776年（周幽王六年十月），这又是世界上最古的可靠记录，比西方最早的可靠记录，也就是希腊人泰耳所记的日食，要早191年。《春秋》一书，在242年里，记载了37次日食，其中有33次，已经证实是可靠的；其余4次，有两次是在中国不可能见到的，有两次的月份不符，并无日食。发生这样错误的原因，也许是后人在整理竹简时，误排次序，倒置了岁月。在《春秋》最早的日食记载，是公元前720年2月22日（鲁隐公三年二月朔），这一次记载的日食，离现在也有2700多年了。日食在历代史书中，都有可考的记载，总计从公元前720年到公元1872年（春秋到清同治十一年），共有记载日食985次，其中年月不符，无日食可考的只有8次，不及总数的1%，可谓缜密之极了。

在日食记载中，最多的是日全食和环食，占总记录的60%以上，偏食次之，全环食最少。据奥泊尔子《日食图表》所推3368年中，全球有8000次日食，平均算来，每百年约有日食237.5次。其间偏食占83.3次；环食次之，占77.3次；全食又次之，占65.9次；全环食最少，占10.5次。

我们祖先的记载，偏食反比全食少，足见史书所失载的偏食最多。因为偏食所见的地区有限，并且食分较浅，不易使人们留意。我们祖先在记录日食时，“以日食三分以下为不救”。不救就是不食的意思，所以偏食失载的也最多。在《唐书·天文志》里有这样一句话：“开成五年十二月癸卯，日旁有黑气来触”，但并没有说日食。查这天在世界上确有日食，从澳洲东南，或我国中原地区看起来，不及一分，好像有一团黑气接触了太阳一下，《唐书·天文志》的描绘是确实的。我们祖先累积下来的日食记载，是天文史上最可靠、最丰富的观测记录，不管研究历法也好，研究日月运行的计算也好，都是非常珍贵的参考材料。

彗星俗名扫帚星，是寻常肉眼不易看见的一种星，在古书里最早叫作“孛（bèi）”，在《春秋》和《尚书》里都有记载，到战国以后才叫作“彗”。从汉朝起，天文观测者常常把不常见而忽然出现的星叫作“客星”，在客星的记载里有一部分说的就是彗星。关于彗星，在《春秋》和《尚书》等古籍里见过3次；战国和秦见过9次；两汉彗星见29次，客星见21次；魏晋六朝彗星见69次，客星见13次；隋唐以来记载更多。近代的望远镜有了改进，每年可以出现好几次彗星，但是一般的都是微小暗淡，寻常目力看不见的。在明朝以前，我国还没有望远镜，所以史书所载的彗、孛、客星，必然是比较大些的。彗星有一颗很明亮的，西洋叫“哈雷”彗星，是17世纪英国天文学家哈雷所发现的，因以命名。当时哈雷在公元1682年看到这颗彗星后，曾经查出西洋有关的记录上，在公元1607年开普勒和1531年阿比安所测定的彗星轨道，和这颗彗星相似，再上推到1456年、1301年、1145年、1066年都有同样的彗星出现。那时牛顿的万有引力原理已为人们所公认，哈雷断定这颗彗星和行星一样，也是绕太阳而行，它的周期是76年余；因此那些记载上的彗星原是一颗星。哈雷是周期彗星的最初发现者，所以把这颗彗星定名“哈雷”彗星。但是，在我国历史上关于哈雷彗星的记载，可以上溯到秦始皇时代，从公元前240年（秦始皇七年）一直到公元1682年（清康熙二十一年），哈雷彗星共出现25次，全有可靠记载。这证明了我国历史对天象记录的精确性。同时，这些记载也是非常翔实的。《史记·秦本纪》：“始皇七年（公元前240年），彗星先出东方，见北方，五月见西方，……彗星复见西方十六日。”这段记载的年、月、日数、位置，和近代科学家推算的完全相符。现在已被世界公认为这次彗星的出现，可能是历史上最早记载的一次。但是在我国古代历史上，还有许多有关的记载，如《春秋》载公元前613年（鲁文公十四年秋七月）：“有星孛入于北斗”，这应是世界天文史上明确记载哈雷彗星的最古记录。我国甚至还有有关早于公元前7世纪哈雷彗星的记录，现在经天文学家们的研究论证，认为《淮南子·兵略》：“武王伐纣，东南而迎岁，……彗星出，而授殷人其柄”，所载就是公元前1057年前彗星出现的记录。近代西洋天文学家们盛赞：“中国史书记载之精审，远非西史所能望其项背。”“公元1400年以前哈雷彗星之证认，主要是根据中国的观测。”充分说明，我国历史对彗星的记录，是世界天文史的十分珍贵的资料。

我国历史上记载的客星，固然大部分是彗星，但是也有一部分是真正在自然间忽然出现的新星。如《汉书·天文志》：“武帝元光元年（公元前134年）六月，客星见于房。”这是世界上最古的新星记录。虽然希腊天文学家依巴谷也同时说到这颗星，但是他没有记录方位，所以现代天文学家都承认这颗星是我国古代天文学家最早发现的。古代的新星，大都见于我国史书的记载，《汉书·天文志》所列客星中，还有两颗也是古代有名的新星。

对日中黑斑的观测，也是我国天文学观测史上的辉煌贡献。日斑是太阳上的一种风暴，因为风暴的温度比太阳其他部分的温度低一些，所以日斑处的光芒也比较幽暗些。我国史书上第一次记载的日斑，是公元前28年（汉成帝河平元年），《汉书·五行志》说，在这一年三月乙未，“日有黑气，大如钱，居日中央。”这种关于日斑的记载一直继续到明、清。从第一次记载到西洋发现日斑为止，我国历史上已记载了101次的观测记录。西洋在公元1607年5月以前，不知道太阳上有黑斑，刻白尔在那年见到了日斑，还当作是水星走进了太阳的位置。不久以后，伽利略用天文镜才把它看清。这证明我国古代的天文学，至少在明代以前，有许多方面是远远胜过西洋的。

日斑的生长往往成群，最普通的两斑并生，而且很接近，一斑常呈圆形，黑黝黝的，另一斑不一定呈圆形，但要大些，也是很暗淡；两斑之间有无数小斑，出现的时间很短。我国历史上的记载常把日斑的形状，说是：杯、桃、李、栗、钱等相似的圆形，可能是由于目力只能看到那一个圆的黑的，另一个更暗淡的就看不见了；也有说像鸡卵、鸭卵、鹅卵、瓜、枣等椭圆形的，可能是由于两斑靠得太近了，模糊地看成了椭圆的。日斑有时相属而生，一串像雁行，历史记载上也有把它说成飞鹊、飞燕、人、鸟等不规则形的。我们古代的祖先们观测天象，全凭目力，而能够有这样的成果，真是很不容易了。大概在日光强烈时，目力无法直接观测，只有在迷雾和晨昏日光暗的时候，才能观测日斑，所以史书有关日斑的记载，常常提到“日赤无光”，“日出日晡（bū）”等情况。这又证明我们的祖先是坚持勤勉地观测天象的。宋朝程大昌《演繁露》说，看日食时，用盆贮油，看日光的反光；可能古人看日斑也有用这个方法的。

美国的天文学家海尔，是世界著名的研究太阳分光的专家，他在《宇宙的深度》里说，中国古代观测天象，如此精勤，实属惊人。他们观测日斑，比西方早约2000年，历史上记载不绝，并且都很正确可信。独怪西洋学者，在这样的长时间里，何以竟没有一个人注意到日斑问题；要一直到17世纪应用了望远镜以后，才能发现日斑，真可使人惊奇。足见我国古代科学工作者，是有着卓越的勤劳精细的优秀传统的，他们的光辉成就，使西洋学者也不得不折服。

我们的祖先对于流星群的观测，也有着不可泯灭的功绩。流星群好像是一群小行星的散体，有一定的轨道绕日运动，当地球走进它们的轨道区域时，地球四周的空气，对这些散体产生摩擦，以至于生热发光，在地面上看起来就是流星群。流星群也称为流星雨，从地面上观察，是一群大小纵横、不计其数的流星，好像从天空的一个公点出发，散射到各个方向。如果这个公点是在天琴星座，便叫天琴流星群；如果这个公点在狮子星座，便叫狮子流星群。这些流星群都有一定的周期。公元前687年3月23日（春秋鲁庄公七年四月辛卯），“夜中星陨如雨”。这便是天琴流星群出现的世界最古记录。《五代史》司天考记载："唐明宗长兴二年九月丙戌（公元931年10月15日）众星交流，丁亥（16日）众星交流而陨。"这是狮子流星群最古的记录。在我国历代史书中，关于流星群的记载，是非常丰富的。

我们的祖先对于北极光的观察和记载，也是非常重要的。北极光在我国历史上叫作"赤气"。从公元前30年到公元1675年（汉成帝建始三年七月到清康熙十四年），共有53次记载。

为了观测天象，我们的祖先还不断地创造了无数精密的天文仪器。在古代，计算时间的仪器是壶漏，这种仪器大概在春秋以前便发明了，古书最早记载壶漏的是《周礼》夏官，说："挈壶氏悬壶以水火守之，分以日夜。"古代测量长度的仪器是土圭，《礼记》春官记载："土圭以致四时日月。"到汉朝张衡制造了浑天仪，为后代的天文学研究打开了一条新的道路。在这以后，又不断有各种天文仪器的创造，如汉落下闳（hóng）发明的浑仪、元郭守敬制造的简仪，都是比较重要的贡献。郭守敬一共制作了各式天文仪器13种，都是非常精巧的，连一向轻视有色人种的《大英百科全书》，也只好承认郭守敬所制的天文仪器，比丹麦天文家太谷氏的同样发明，要早300年。现在北京东城的古观象台，还陈列着历代古天文仪器12种，其中就有郭守敬所造的仪器。八国联军侵占北京，德国

铜壶滴漏

侵略军曾经把浑天仪等5种仪器劫运到柏林，陈列在波茨坦宫，到第一次世界大战后，方才归还。这些仪器都是我国科学史上的无价之宝，我们要特别珍爱。

我们的祖先，不仅能辛劳地精细地观测天象，周密地记载天文现象，为后代子孙、为人类留下一份无比丰富宝贵的天文史资料，而且也能够从观测的结果上，推论和计算出重要的科学结论。例如在历法方面，晋成帝时的虞喜（公元330年左右），曾经以当时的星宿位置比较出和古代星宿位置的不

浑天仪（明正统年间造）

同，因而发现了岁差，并且定出了每50年春分点在黄道要西移1度。这虽然比西洋希普克斯发现岁差的时间，晚了400多年，但是精确的程度，却比希普克斯的每100年差1度的估计准确得多。到7世纪初，隋朝刘焯定岁差每75年差1度，和实际已经相差不多；然而，西洋在同时还墨守每100年差1度的陈说。又如在6世纪中，北齐的张子信，因避乱住在海岛上，用了30年的时间，专以浑天仪观测日月五星的运行，发现了一年中太阳在天空中行动有快慢，并发现了日月食的规律。他说："日行在春分后则迟，秋分后则速。合朔月在日道里则日食，若在日道外虽交不食。月望值交则亏，不问表里。"张子信的两种发现，对以后历法和日食的预告，大有帮助。到唐玄宗时（公元8世纪20年代），僧一行（张遂）从星宿位置的观测上，发现了不但星宿在赤道上的位置和离极度数，由于岁差的缘故和古代已不同，就是在黄道上的位置也在变移。如建星，古时在黄道北半度，唐时测得在黄道北4度半，所有恒星都有这种现

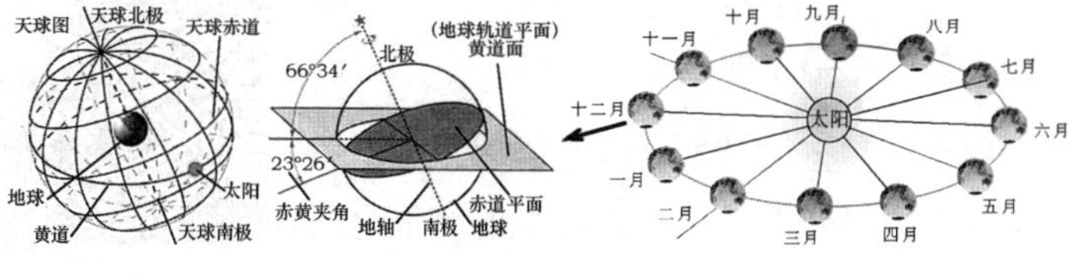

赤道与黄道

象。这种恒星本身在天上移动的现象，现在叫作恒星本动现象。恒星本动在西洋到18世纪初，英国哈雷才发现，比僧一行晚了近10个世纪！

唐朝另一伟大的科学事迹，是子午线的测定。自从《周髀算经》提出了日影千里差一寸的说法以后，到了隋朝，刘焯指出这个数不可靠，因而向隋炀帝建议需要实测一次，以决定是非。但隋炀帝没有听从。这事搁置了100年，到公元724年（唐开元十二年），太史监南宫说（yuè）用了刘焯的主张，在河南一带平地，用水准绳墨测量距离，从黄河北岸的滑州起，经汴州、许州直到豫州，并量了滑州、开封、扶沟、上蔡四个地方的纬度，结果得出子午线一度之长是351里80步（唐制是三百步为一里）。这是全世界第一次实测子午线长度的科学活动，其结果虽然不很精确，可是在测量方法上是一个极大的进步。在国外，最早测量子午线的，是阿尔曼孟于公元827年，在美索不达米亚地方举行的，已在南宫说的测量之后100多年了！到元朝，郭守敬又发起了测量全国纬度的大事业。计东起高丽，西

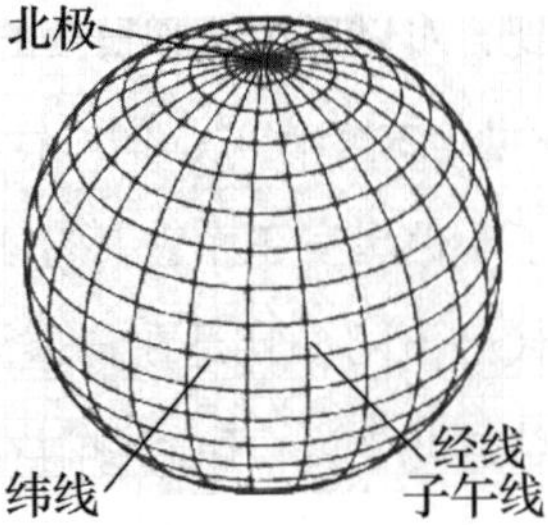

子午线（经线）和纬线

至凉州、成都、昆明，北至铁勒，有27个地点，设立了22个观星台（观测站），这可以说是我国古代天文工作的极盛时代。

前面说过，祖冲之父子在公元500年左右，曾经指出北极星距离北极有1度多。后来到了宋朝，沈括（公元1030—1093年）又注意到这个问题。他为了测定天空北极所在，花了三个多月工夫，夜夜观测，画了200多张图，方知那时北极星离开北极尚有3度多一些。沈括能够得到这个结果，完全是靠辛勤的实践而来的。

由于我国天文观测历史的悠久，天文台的设置也是很早的。早在3000多年前，已有“周公观景（影）台”的设立。据史书记载，西周初年，周公旦营建洛都时，在今河南登封县（古名阳城）东南告成镇建立观景台，用以求地中，观日景，计算四时季节。原台已不存在，现今在告成镇周公庙前的观景台，是公元723年（唐开元十一年），由天文学家僧一行和太史监南宫说，在改革历法进行天文观景时，仿周公旧制所建，距今也有1200年了。在周公庙北有一座古“观星台”，就是元朝至元年间郭守敬所建仅存的全国中心观测站。这个观星台是砖石结构，由台身和“量天尺”两部分组成。台身上下成10度斜坡，台上北壁有垂直凹槽，是测日影的“景表”。从凹槽下方向北，以36块方青石接连铺成“石圭”（即量天尺），全长31.19米，其方位和现在测子午方向相符。圭面有两行平行水槽并刻有尺度，两槽相距15厘米，水流可循环以测水准。量天尺和景表构成一组测景装置，可昼测日景，夜观星极。当年郭守敬在这里曾观测过晷（guǐ）景。这座观星台是我国建造最完整最古的天文观测建筑。郭守敬是我国古代杰出的科学家之一，他在天文、水利、数学、仪器制造等方面都做出了卓越的贡献。1986年10月31日，在河北省邢台市西北郊达活泉公园（是郭守敬的故乡，也是他曾勘探修水利的地方），建成一座郭守敬纪念馆，并塑有一座高4.1米的立身铜像，像后是一座11.69米高的观星台，台上装有“量天尺”。这表达了我们人民对古代科学家的崇敬和缅怀。

大概在公元5世纪时，南京有司天台的建筑。在公元1279年（元至元十六年）于北京建司天台，在洛阳等5处分置仪表，等于设了分台。到公元1385年（明洪武十八年），在南京鸡鸣山北极阁上建立观象台。在欧洲，直到15世纪，波兰天文学家哥白尼才首先认识到建观象台的重要性，比我国晚了多少世纪！南京观象台成立的年代，比英国格林威治观象台（公元1670年），要早3个世纪，实在是世界上最早的观象台。当时台上设备很是完善，日夜有人轮值观测。利玛窦来我国到南京时，对这座观象台非常赞赏。到公元1668年，南京观象台的仪表迁往北京，建筑中央观象台（由钦天监掌理），这就是现在北京东城泡子河的古观象台。今天南京的紫金山天文台，是1933年设立的。

我国的历法和天文，从两汉直到宋元，各个时代都有进步和发展，但在明朝逐渐停滞，从明末起，一直由西洋人主持国家的历法和观测工作，甚至到康熙以后，许多天文记录如日食等，都是残缺不全的。主要的原因，一方面是由于明朝提倡科举，用八股文取士，使一般知识分子都去搞八股文了；清朝的统治者害怕汉族革命，更进一步用八股文作欺骗、笼络人民的工具，所以天文历法以及各种科学都受到抑制而很少发展。另一方面，西洋工业革命后，由于生产力的提高刺激着近代科学的兴起。伽利略发明了望远镜，创造了有利条件，也有助于天文学家探测天空的深度。相比之下，我国的天文工作逐渐落伍。

现在，在解放了的新中国，地覆天翻，我们挣脱了封建主义和帝国主义的束缚，在优越的社会主义制度下，可以充分发展我们祖先们的成就。我们相信，我们的一切科学工作，包括天文学在内，都会突飞猛进，不断创新，发扬我们祖先的固有荣誉。

五、指南针和指南车

指南针也叫作罗盘针，是一种磁针。它的中腰支在罗盘的中点，可以旋转自如，由于磁石的指极性，针向便自动指示南北。罗盘针定型之前，是经过了一个长时间的发明改进的。

大约在战国末期，我们的祖先便已发现磁石和它的吸铁性。《管子》中说："上有慈石者，其下有铜金。"所谓"慈石"就是磁石，可见至少2600年前的管仲时期（？—公元前645年），就已经知道磁石的存在了。在西洋，据说是苏格拉底（公元前470—公元前399年）发现磁石的，那比我国至少晚了100年。在《鬼谷子·反应篇》上说明磁石可以吸铁。大约也在同期，或者至迟在公元50年左右（东汉初年），又发现了磁石的指极性。

我们的祖先发现了磁石的指极性后，就开始利用它作指南的工具。古时的指南工具叫司南，在战国时期已普遍使用。《鬼谷子》中曾说，郑人去采玉时，一定带着司南，以免迷失方向。《韩非子》中也有关于司南的记载。王充《论衡》中肯定地说：“司南之杓，投之于地，其抵指南。”据我国的一些学者研究，知道司南是由一个用磁铁做成的勺（杓），和一个“栻（shì）”组成的。栻即罗经，外边方形木盘叫地盘，刻有天干、地支和八卦；中间圆形的叫天盘，也刻有天干，地支，另有12个月名，是用木，或象牙、铜制成，光滑可以转动。据古书所说，将勺投在栻的天盘上，让它转动，停住时勺柄所指的方向便是南方。在20世纪40年代末，我国学者王振铎曾制出司南的复制模型。在国内外产生广泛影响。1987年8月4

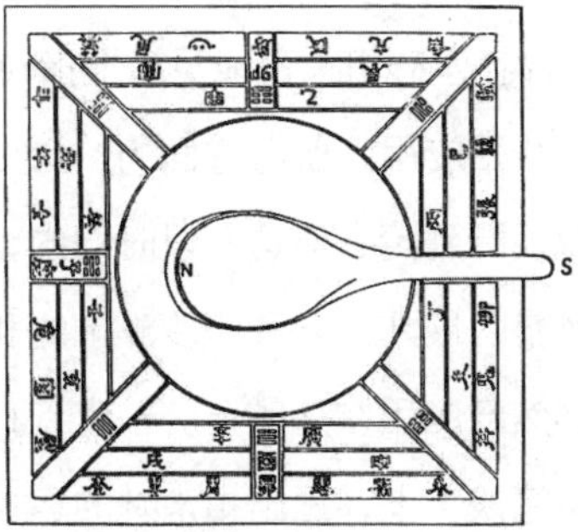

司南复原图（王振铎复原）

日上海《文汇报》第二版各地新闻栏报道：杭州大学物理系王锦光教授和历史系闻人军副教授，经研究后指出，《论衡》所说“司南之杓，投之于地”是“投之于池”之误，司南不是投在地盘上，而是投在水银池上，并做了模拟实验，证明其论点。不论投之地或投之于池，我们的祖先远在2500年前左右，已经掌握使用司南，是不容置疑的史实了。

由于司南的使用，有条件的局限性，我们的祖先又不断研究有了新的发明——用薄钢片剪成鱼形，长约二寸，宽约二分，磁化后浮在水碗中，便可指极，这是“指南鱼”。在使用过程中，不断改进，便出现了“指南针”替代那鱼。指南针是一枚磁化的小钢针，可以放在指甲上、碗边上转动，或在中间穿上小段灯草，浮在水碗里，都能灵活地指向南方。

指南针怎样开始应用到航海方面的？历史上的记载不很清楚。但是，在魏、晋到隋、唐这一段时间内，我们的祖先曾努力克服海上的风暴，展开南洋和印度洋上的和平贸易。在这个时期，指南针必然已应用在海舶上。一直到11世纪末叶，博学的沈括在《梦溪笔谈》上，提出指南针的运用问题。在摇荡不定的航船上，把磁针放在手指或碗边上来定向，是容易滑落不很方便的。他建议用蜡将单线缀在针腰，挂在空中，运用起来旋转比较方便。沈括的这种悬挂型指南针，便基本上确定了近代罗盘针的构造。沈括还科学地指出，磁针指示的方向，常常略微偏东，而不是绝对指南，这和近代科学的地磁偏差的观察，完全符合。例如，在我国长江流域，地磁向东偏2度（汉口一带）到4度（沿海一带）。足见我们的祖先观察事物的精密和认真了。

我国宋朝朱彧（yù）所著《萍洲可谈》（公元1119年），是世界上关于航海使用罗盘针的最古记录。当时他在广州看见的中国海舶，有“舟师”“识地理，夜则观星，昼则观日，阴晦观指南针”。和他同时代，宣和年间（公元1119—1125年）

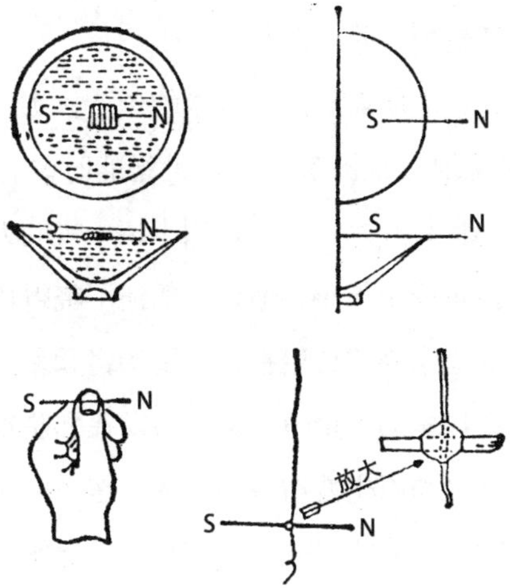

指南针用法示意图

由海道往高丽去的使者徐兢，在所著《高丽图经》里，也有类似的记载。可见那时从事航海的中国劳动人民，已经普遍地掌握了罗盘针的科学知识，而广泛应用在与汹涌波涛搏斗的航海事业上。在西洋和阿拉伯的文献里，关于罗盘针的记载，最早的大约在公元1200年左右，显然比我们晚了。那时中国大船所组成的商船队，在中国南海和印度洋上，是最活跃的。据说当时的中国海船构造坚固，多樯多帆，体积庞大，可以容纳五六百人，载重到30万斤。在航行和造船方面，因为利用了指南针和避水舱，所以比较安全可靠。海船为了避免触礁沉没，把船舱分隔成互不通水的十几个避水舱。这种办法，在欧洲的造船设计上，却是相当近代的事。

我们的祖先，对航海和造船技术的创造，实已达到桅帆海船登峰造极的境地。欧洲各国在18世纪的时候，还只有三桅船，而我们在13世纪开始，便已使用十樯十帆的大船了。那时的波斯船和阿拉伯船都很小，他们造船还不晓得用铁钉，只用椰子树皮制成的绳索来缝合船板，再用脂膏和黏土涂塞缝孔，不很坚固，抵抗风暴的力量也不强。所以在那些年代，波斯船和阿拉伯船，都轻易不出波斯湾和红海。在印度洋上往来四海的，正是我国刻苦勤劳的祖先们所驾驶的大海舶。在唐、宋时代（公元618—1276年），阿拉伯人、波斯人、罗马人从海道来我国经商的很多，他们大都搭乘比较安全的中国海船。当时的广州、泉州和扬州，都是对外贸易大商埠，外商居留人数最多的时候，广州就有12万人。南宋时，通商的税收曾占国库收入的1/20。在这样繁忙的通商贸易情况下，罗盘针自然会很方便地传入波斯、阿拉伯和欧洲。

我们的祖先不仅利用自然的产物磁石，创造了为人类克服航海困难的罗盘针，而且在发现磁石指极性的前后，东汉张衡（公元110年左右），就利用纯机械的结构，创造了“指南车”。但是张衡的方法已经失传。也有传说是远在4000年前，黄帝和蚩尤作战，为克服大雾迷途而作的。也有传说是3000年前，周成王时，南方氏族越裳氏（在今越南广西广东等地）到京城来，周公为了免得越裳氏回去迷路，曾把指南车送给他们，作为指向工具。这些传说只能表明人民对于伟大的科学创造的景仰，所以编成美好的故事加以歌颂罢了。

在我国历史记载上，对制作指南车有确实根据的，有三国时（公元220—280年）魏国的马钧，他造出的指南车被魏明帝“御用”，在改朝换代的变乱中，自然也就失传了。以后还有人不断研究，制造成功的，有后赵时（公元333年和公元349年）的魏猛和解飞，后秦时（公元417年）的令狐生，刘宋时（公元477年）的祖冲之。直到北宋时燕肃（公元1027年）、

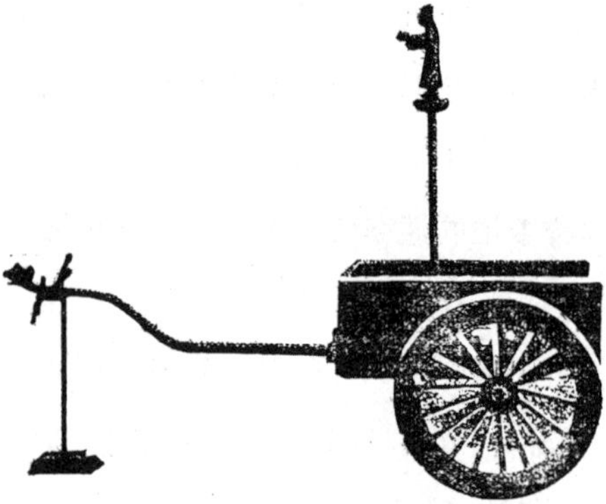

指南车模型图（据王振铎同志复原）

吴德仁（公元1107年）所造的指南车，才第一次在历史上有了详细记载。《宋史·舆服志》对指南车的结构，有详尽说明。

指南车是在车上立一个举臂的木人，不论车子怎样转动方向，木人的手指永远指向正南方。这主要靠车厢里的机械控制。它是由五个齿轮组成的，车厢当中平放一个大齿轮，轮轴向上伸出，轴上立着木人，大齿轮转多少度，木人也转多少度。大齿轮两旁各有两个小齿轮，利用差动齿轮原理，当车轮转弯时，车子向左（或右）转，大齿轮就向右（或左）转，转动的角度，恰等于车子转弯的角度，因此大齿轮轴的方向是不变的。我们的祖先天才地利用了这种装置，当车子在回转的时候，使站立在大齿轮轴上的木人，手臂永远指向南方。从这证明，我们的祖先在1800年前，就已经创造了齿轮，发现了差动齿轮原理，并且创造利用了差动齿轮机。

在西洋，对科学的差动齿轮原理的发现，是近百年前的事。英国科学家兰澈斯特曾悉心研究我国的指南车。1947年2月间他发表了研究结果，并说："现在证明了，我们西方各国在最近60年才知道的科学原理，中国人在4000年前就应用了。"

我们要充分了解祖先们以他们的天才和智慧在世界上所赢得的荣誉，并要珍视而自豪。

六、造纸和印刷术

我们的祖国很早就有众多的典籍，靠着它们，保存了悠久而丰富的文化。而且由于造纸、刻板印刷和活字版印刷的发明，使书籍的传播更加方便，文化的普及更加容易。因此，对于世界文化实在是重要的贡献。

在古代氏族社会，我们的祖先们由于生活的需要，用简单的符号文字记录着重要的事情。起初各氏族在各个发展阶段中，所用的符号文字是各不相同的。传说孔子到了泰山，对记录封禅的石刻文字，还不能完全认识（见《韩诗外传》）；管仲对泰山的72种封禅石刻，也只能认识12种（见《管子》）。直到秦始皇灭六国后才统一了中国的文字，这是题外的话了。古代记录这些符号文字的材料是龟甲和牛骨。在今河南安阳小屯村及其周围——殷墟，1899年发现了刻有占卜之辞的甲骨，从1928年开始考古发掘到现在，发掘出宫室、陵墓、奴隶坑、

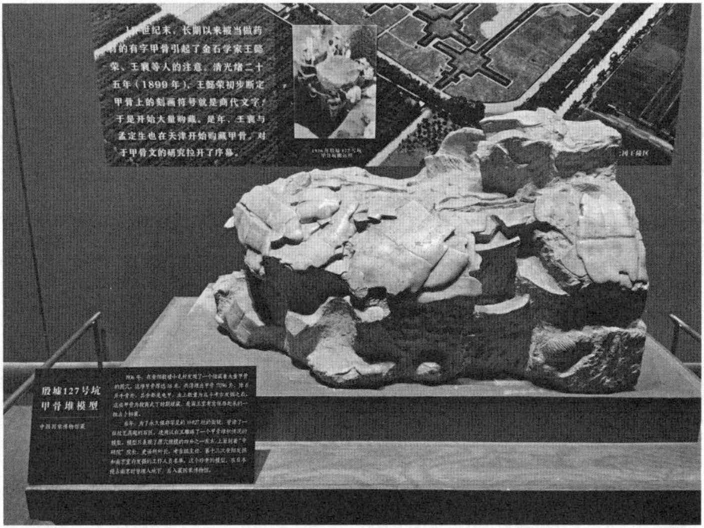

殷墟127号坑甲骨堆模型

作坊、居民点等遗址，生产工具、生活用品、乐器等，还有大量刻有符号的甲骨。殷墟是商代后期自盘庚至帝辛（纣）建都273年的遗址，是我国古代史上可以肯定确切位置的都城。殷在3500年前左右，这些甲骨刻辞就是当时历史的真实记录。

随着社会的发展，记录文字的材料又有了进步，约在3000年前左右，出现了竹简、木简。我们的祖先把竹子、木头弄成宽约几分、长约一二尺的长片，每简有八九个字或多到三四十个字不等，将许多简用麻绳、皮条或丝绳横穿上下两头，编成“篇”。现在称书的量词叫“册”就是穿简成篇的象形字。在竹简或木简上除了用刀刻以外，主要的书写材料是铅，或是用天然黑色木汁制成的漆。1900年在汉代长城遗址所发现的木简，很多种就是汉代的旧物（这些珍贵的文物，已被国民党送到美国去了）。这种竹木的文字典籍，在当时因为传播的区域不广，记载的材料不繁，还能应付时代的要求。

由于春秋、战国的发展，秦汉的统一，文字的形式逐渐一致。古代人民为了歌颂祖先对文字的伟大创造，曾经假借了神话式的人物，像伏羲和仓颉（jié），当作怀念的对象。自从春

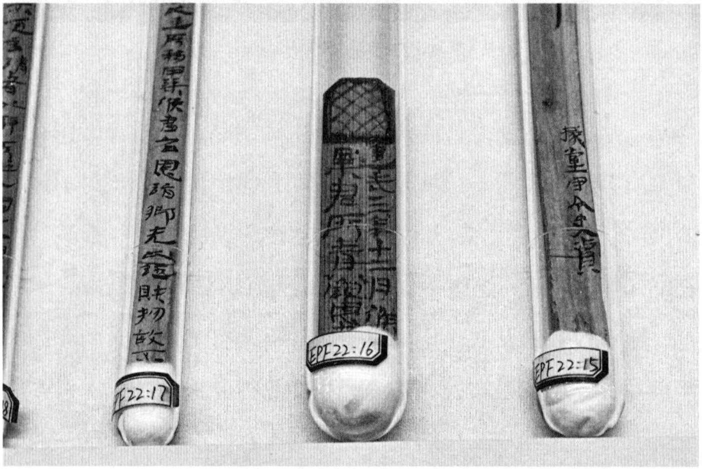

居延汉简（东汉光武帝时期，1974年居延甲渠候官遗址出土）

秋战国以后，由于人们生活领域的逐渐扩大，为了携带和传播的方便，丝织的帛便渐渐地像竹木的简那样普遍起来。在《墨子》和《论语》里，都曾谈到书帛的事情。至于帛的应用，到秦代蒙恬（公元220年）改良了毛笔，同时采用了石墨，后来又有了用松烟桐煤所作的人造墨，便一天比一天被更普遍地使用，在公元前后，帛差不多代替了简。

在我国历来传说蒙恬造笔，认为他是笔工的鼻祖。现在浙江湖州的小镇善琏，是著名的毛笔（湖笔）的主要产地，镇里有一条蒙溪，溪旁有蒙公祠，塑有蒙恬夫妇像。相传蒙恬随秦始皇南游登会稽后，曾和夫人在善琏传授造毛笔的技术，人民至今纪念他们。毛笔的发明，对古代文化的发展是有贡献的。

帛虽然比竹简木简使用、携带方便，但是它的成本太贵，不易普及。所以在汉代400年间，我们辛勤优秀的祖先们，不懈地努力尝试制造帛的代用品。例如：汉成帝时（公元前12年）的“赫蹄书”，和贾逵（公元60年左右）的“简纸”，都是近似布质纸的缣（jiān）帛。《汉书·外戚传》下颜师古注引应劭（qú）说：“赫蹄薄小纸也。”赫蹄实是作丝绵的副产品，还算不得纸。我国古代没有棉花，人们都穿丝绵。我们的祖先制作丝绵是把煮过的蚕茧铺在席子上，浸到河里敲打，敲烂了就是丝绵。蚕茧是有胶质的，在敲打的过程中，其胶质就会混合一些碎丝附着在席子上，因此取下丝绵后，还可以在席上剥下一些薄薄的丝片，这就是“赫蹄”。它的价钱比丝织的帛要便宜得多，而用以书写的功效和帛相似，所以当时的人们乐于采用。“纸”字从纟就是表示它制作的根源。据许慎《说文解字》“纸”条说：“絮，苫（shān）也。”段玉裁注也指出纸最初是用丝絮做的。但是，这种“纸”还不是真正的纸。后来做纸的方法又大有改进。

据解放后考古发掘的材料，西汉已有麻纸，那就是说在公元前2世纪左右，我国劳动人民已在生产实践中改进了造纸方法。到东汉时，蔡伦在总结前人用麻质纤维造纸经验的基础上，又改进了造纸术。蔡伦是东汉明帝的宦官，聪颖有才智，和帝时为中常侍并曾任主管制造御用器物的尚方令，公元114年（东汉安帝元初元年）又封为龙亭侯。《后汉书·蔡伦传》：“自古书契多编以竹简；其用缣帛者谓之为纸。缣贵而简重，并不便于人。伦乃造意，用树肤、麻头及敝布、鱼网以为纸。”公元105年（东汉和帝元兴元年），蔡伦将他用树皮、麻头、破麻布、渔网做成的纸和造纸的经过、方法奏报朝廷，大家公认这是极有价值的创造。蔡伦被誉为是造纸术的“发明者”，并称他的纸为“蔡侯纸”。谁知十几年后，蔡伦被卷入宫廷的是非中，他不甘受辱，于公元121年服毒自尽。一个有卓越贡献的人，在封建制度下竟是这样悲惨地牺牲了。但是，蔡伦造纸对人类的功绩是不会泯灭的。

蔡伦所造的纸，以后又经过同时代的左伯和一些优秀的造纸专家们不断地改进，生产数量也不断增加。三国时代除“蔡侯纸”外还有用稻草造的草纸、用麻造的麻纸、用木造的壳纸和用旧渔网造的网纸等。到晋朝，造纸技术有了更大的进步，

汉代造纸工艺流程图（转录自《中国古代科技成就》）

掌握利用植物纤维造纸，著名的有“剡（shàn）溪藤纸”。所以魏晋以后，纸几乎完全代替了帛。我们的祖先为了使纸容易吸收墨汁，还发明了用石膏粉、苔胶或其他粉末来涂糊纸面。

在明代宋应星所著《天工开物》（公元1637年）中第十三卷“杀青”，就详细讲述了竹纸和皮纸的制作过程，对造纸的工具和纸槽、烘炉等的结构都有细致的描绘。大量用竹的纤维造纸是西晋以后的事。竹纸的产生使造纸业走上了一个新的阶段。自唐以后，长江流域因为盛产竹的缘故，造纸业发展得很快。元代江西的造纸业在全国占了很高地位，到明代已成为全国的造纸中心；福建、浙江、安徽、湖南等地的造纸业更是历久不衰。

我国早期的纸，在中古时期，曾经由商人从陆路逐渐经过新疆一带（公元450年左右）、中亚细亚（公元650年左右）、阿拉伯（公元707年）、埃及（公元800年）、西班牙（公元950年）传到了欧洲。据可靠的历史记载：意大利在公元1154年、德国在公元1228年、英国在公元1309年才晓得有纸。至于欧洲各国自己造纸的时期，就更晚了。西班牙在公元1150年、法国在公元1189年、意大利在公元1276年、德国在公元1391年、英国在公元1494年才开始造纸；北美直到公元1690年才有造纸厂。而且，他们那时所用的厚纸和它的质地，却和我们祖先在四五世纪间所造的相仿。他们开始造纸，已是我们祖先发明造纸术1000多年后的事了。

在我国的造纸术没有传到欧洲之前，他们用的代用品是埃及人的“草纸”和“羊皮纸”。草纸是用从尼罗河畔野生的纸草的茎上剥下的薄膜，一层层地贴上，压平晒干而成的，它薄脆易碎，中国纸流入欧洲市场后，“草纸”很快就被淘汰了。“羊皮纸”就是去了毛的光滑的羊皮。据说抄一部圣经要用300多只羊的皮，价格昂贵。所以，那时欧洲的图书馆，用铁链子把书锁在桌子上，以免丢失；学生在学校里也买不起书。我国纸的传入和普及，解决了他们的读书问题，推动了文化的交流、教育的发展，可见中国造纸术的西传，对欧洲的影响之深了。

我国古代的文字既然用帛来记载，并且每一段文字记载都卷成一个卷轴，所以后来的书籍就沿用了“卷”的名称。五卷或十卷包成一包，称作“绨帙（tí zhì）”，就是后代藏书称“函”的来源。卷子比竹简虽已便利得多，但是后来的文字记载日趋复杂，要从一卷书里检查一段文字时，就得将全卷展开，手续上还是相当麻烦，因此，我们的祖先大概在8世纪以后，又逐步发明了把卷子折成册（回旋折叠），叫作“旋风叶”。这种折页的书籍，在唐代中期曾经风行一时。当雕版印刷的书籍大量印行以后，由于印刷的方便，线装型的书籍才逐渐代替了卷子或旋风叶。在敦煌石窟中所发现的古籍，从公元5世纪初到10世纪末，成卷的共约15000余卷，可恨大部分已被法国人伯希和及英国人斯坦因偷盗骗买出国，现存巴黎图书馆（今存法国国家图书馆——编者注）和不列颠博物院（今存大英博物馆——编者注）内，成为文化侵略者的赃证。

古时的书都是靠手抄。在公元175年（汉灵帝熹平四年）的时候，对当时最通行的经籍，为了避免辗转传抄造成讹误，便在太学门前，立了蔡邕等写刻的石经，作为标准。蔡邕字伯喈，是东汉著名的文学家、书法家（其女即蔡文姬），他所写刻的六经，世誉为“熹平石经”。（蔡邕后来为董卓所用，王允诛董卓，蔡邕死于狱中。）当时四方学人都到京师来抄写摹拓石经，有人发明了拓碑的方法——先将纸润湿铺在碑上，然后用棉棰敲击，使纸在刻字的地方依字形凹下去，干了以后，再用刷子在纸面刷上一层薄而均匀的墨汁，石碑上的字是白的，好像印在了黑纸上，这样就得到一份完整而清晰的石碑拓本了，比抄写既简捷还保存了法书的真迹。这也可以说是雕版印刷的萌芽，“印”“刷”二字大概就是来源于此吧。

以后每一时代都有石经的雕刻，而真正的雕版印刷，有人认为是从隋朝（公元600年左右）开始的。把文章刻在石碑上既笨重又费工费钱，绝不可能用来印书的。隋朝时人们创造了用木板代替石碑刻字印刷后，雕版印刷术才兴盛起来。雕版是把写好字的薄纸反贴在木板上，把无笔画的地方都凿去，于是就造好一块凸出反字的印版，印刷时只需涂上墨，盖上白纸，再以小刷或棉棰刷制纸背，黑色的正字即可清晰地印在白纸上。雕版比起石刻来价廉工易，又大为进步，雕好一套木板就可以印出大量的书籍了，在当时确是一个很有价值的发明。由于佛教的传播扩大，隋朝时就曾经雕印佛经。唐僖宗（公元874—888年）时，逐渐由于劳动人民的需要，在四川民间有用墨板雕印的《字书》、《小学》（文字学）和一般技艺的书籍。唐末，用雕版印刷经书史书的渐多。到五代的时候（公元907—959年），除民间已雕版印书成风外，连卑鄙的“长乐老”冯道也倡议在国子监内校定《九经》并雕印，后世称为“五代监本”，官府大规模刻书自此始。（冯道在后唐、后晋任宰相，又投附契丹任太傅，后汉时任太师，后周时任太师、中书令，恬仕五姓。）

唐朝和五代的刊本，由于屡经战乱，遗留下来的很少了。现在世界上保留着的最古的雕版书籍，是唐刻《金刚经》和五代的《唐韵》《切韵》三种，但都已被盗买到海外去了。唐刻《金刚经》原来封存在敦煌石室，是公元868年［唐懿（yì）宗咸通九年］雕印的。这是一卷佛教经典，全卷长约15尺，阔

世界上现存第一部印刷的书籍——《金刚经》卷首

约1尺，是由7张纸连接起来的，卷首印有一幅木刻的佛教图画，卷末有一行字注明："咸通九年四月十五日王玠为二亲敬造普施。"这卷子保存得十分完整，早已被斯坦因盗买出国，现在存于英国伦敦博物馆（今存大英博物馆——编者注）。

中国古代的刻书事业，在宋朝极为发达，官府刻书的有50余处，书籍的内容已由经典广及历史、哲学、医学、算学、文学等各方面。民间刻书的更多，有史可稽的著名书坊铺子很不少，如建安余氏勤有堂（创于唐代，历宋元明三代，出版的书籍行销全国）、广都斐宅、稚川传授堂、临安陈氏、建邑王氏等。刻书的地方也遍及全国，尤以浙江、福建、四川、河南、陕西等地为盛。宋朝刊印的书籍据说有700多种，数量很大，虽在久远的年代中大部分损毁，但留存至今的估计原有十万部左右，的确是我国宝贵的文化遗产了（经过“文化大革命”浩劫，不知还有多少余烬）。宋代较好的雕版都采用梨木、枣木。古人对刻印无价值的书，有“灾及梨枣”的成语，意思是白白糟蹋了梨枣树木的好材料，也可见当时刻书之风盛兴。

我国的雕版印刷术，在8世纪早期就传到日本。8世纪后期，日本的木版《陀罗尼经》完成。但是从另一个方向，到12世纪左右才传到埃及；另由波斯传到欧洲，到14世纪末，在欧洲才有雕版印刷的图像。现存欧洲最早的有确切日期的雕版印刷品，是德国的《圣克利斯托菲尔》画像，日期是公元1423年，比我国晚了6个世纪。

雕版印刷虽已确立了传播文化的有利基础，但是，我们的祖先并不以此自满。因为它还有很多不足：费用大，费工费时，刻一部书往往需要若干年才能完成，据说《五代监本》刻了31年；宋太祖时（10世纪后半叶）成都雕印《大藏经》费时12年。同时木板刻错了字不便修改，而且一部书的木板数量不少，难以放置，还会虫蛀、变形、损坏等。所以，从事印刷事业的优秀劳动人民不断努力，在雕版技术的基础上，终于又发明了活字版，并且逐渐改进，到能够进行大量印刷的地步。

远在2000多年前，秦始皇统一全国的度量衡器，曾在陶制的量器上用木戳印上40字的诏书。这实在是活字版的肇始，不过，它虽是件发明，却没有推广和应用。

活字版的发明者是宋仁宗庆历年间（公元1041—1048年）的毕昇。他发明了在胶泥块上刻字，每块一字，用火烧硬后便是活字模。排版前先在有框的铁板上，涂一层混合着纸灰的松脂蜡。然后将活字排在铁板上，加热，蜡稍熔化，用平板压平字面，泥字固着在铁板上，可以像雕版一样地印刷。这种活字

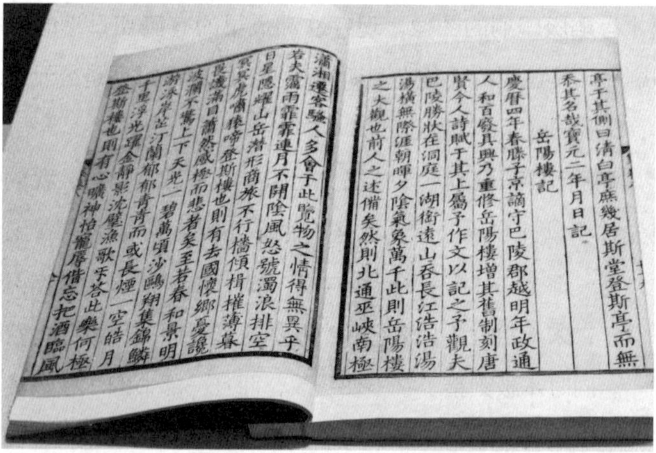
亭于其側曰清白亭庶幾居斯堂登斯亭而無
忝其名哉寶元二年月日記
岳陽樓記
慶曆四年春滕子京謫守巴陵郡越明年政通
人和百廢具興乃重修岳陽樓增其舊制刻唐
賢今人詩賦于其上屬予作文以記之予觀夫
巴陵勝狀在洞庭一湖銜遠山呑長江浩浩湯
湯橫無際涯朝暉夕陰氣象萬千此則岳陽樓
之大觀也前人之述備矣然則北通巫峽南極
瀟湘遷客騷人多會于此覽物之情得無異乎
若夫霪雨霏霏連月不開陰風怒號濁浪排空
日星隱耀山岳潛形商旅不行檣傾楫摧薄暮
冥冥虎嘯猿啼登斯樓也則有去國懷鄉憂讒
畏譏滿目蕭然感極而悲者矣至若春和景明
波瀾不驚上下天光一碧萬頃沙鷗翔集錦鱗
游泳岸芷汀蘭郁郁青青而或長煙一空皓月
千里浮光躍金靜影沈璧漁歌互荅此樂何極
登斯樓也則有心曠神怡寵辱偕忘把酒臨風

《范文正公文集二十卷》北宋刻本

印刷，制版迅速，如发现错字可以随时更换，边排边印，没有雕版虫蛀、变形和保管困难的问题；一页书成批印就后，可即将版拆卸，活字模可以多次应用，这种活字印刷是有很多优点的。但是，在毕昇生前（他卒于公元1061年）活字印刷并没有得到推广，在宋代历史文献中也没有他的发明事迹。沈括在《梦溪笔谈·技艺》卷十八，对毕昇的创造经过，有可靠而详细的记载，并且说毕昇死后，沈括还保留了毕昇的活字模作为珍贵的纪念。如果没有沈括的记叙，毕昇和他的优秀发明，都将永远湮灭无闻了。

到了元朝，农学家王祯根据毕昇的活字印刷原理，加以改良，用木料代替胶泥，克服了胶泥字（也称瓦字）易碎和上墨不匀的缺点，而且木字易制。据沈括说，毕昇当时也研究过木字，认为木质纹理疏密不一，沾湿了就高下不平难于处理，而且和松脂、蜡相粘，不好拆下，不如泥字爽利。足证毕昇是悉心钻研改进印刷术的。他所提的其实是选材和技术问题；事物总是在不断地发展，200年后，木字完全代替了毕昇的泥字。据王祯说，先用木板刻字，然后用小细锯锼（sōu）开，修整成活字。当时他还创造了使用省力的轮盘排字架，木制大轮盘直径7尺，中间装轮轴高3尺，盘能左右旋转自如。木字按古代韵书分类，分别放在轮盘的字格里。每盘约有字3万多个，普通字每字重复三四个，常用字每字复制20多个。排版时转动轮盘，按文拣字，工作方便。拣出的字排在一个木框里，木框的大小与书页相同。一框排满，用薄木条嵌入字行中间，并用细木片揳紧，经过校对无误，这一版就可印刷了。王祯在公元1298年（元成帝大德二年）用木活字版试印了他编著的《旌德县志》（旌德县在安徽；他在任县尹），有6万字，不到一个月就印成100部，与雕版印刷相比，功效提高了不知多少倍。王祯总结了关于活字、排版、装字、印书等的具体技术，写

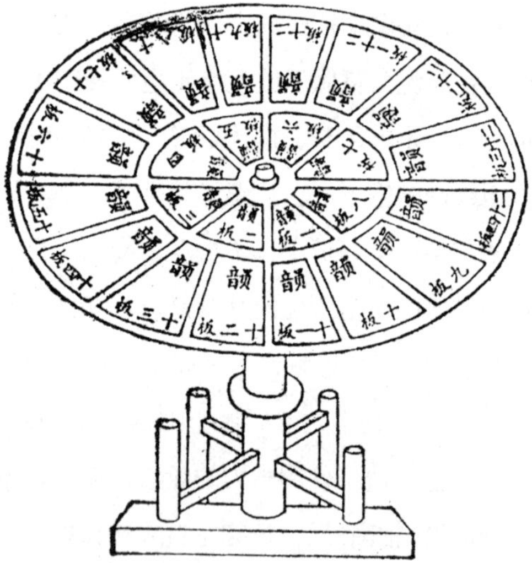

王祯的转盘排字架

成《造活字印书法》（公元1314年）、《写韵刻字法》、《作盔安字法》、《活字版韵轮图取字法》等篇，附在《农书》后面，这是我国印刷史上的珍贵文献。

活字印刷术的发明，把印刷术大大地提高一步而迈进一个新阶段，在以后人类的文化生活上，起了决定性的影响。这种活字印刷术，在公元1390年左右传入朝鲜，又在另一个方向由西域传到欧洲。公元1450年时，德国人谷登堡才开始用活字版印圣经。

活字印刷术传到朝鲜以后，优秀的朝鲜人民提倡用铜活字印书。14、15两个世纪是朝鲜文化传播最活跃的时代，印出了成千上万的典籍，加上那时更有拼音文字的创造（公元1434年），因而朝鲜人民享受着很丰盛的文化生活。

由于中朝人民的密切交往，朝鲜的铸字术在15世纪末又传了回来。王祯在《造活字印书法》中曾说起有人用锡做活字，但因不易着墨，印刷失败的事。明朝后期受朝鲜印刷术的影响，便有了金属活字，到孝宗弘治年间（公元1488—1505年），铜活字正式流行于江南一带。当时无锡华氏会通馆（华燧、华煜合办）和安氏桂坡馆（以安国为代表）是名闻海内外的藏书家和出版家，都用铜活字印过卷帙浩大的书籍。同时期，在金陵也有用铜活字和铅字印刷的。明、清两代活字印刷大为盛行，印书数量空前倍增。在明朝著名的印刷品中，公元1512年（明正德六年）再版了宋朝兴国二年开始编辑、历时六年而成（公元977—983年）的《太平御览》一千卷，就是用金属活字印的。清康熙年间即编辑的百科全书《图书集成》，到公元1726年（清雍正四年）用铜字版印行，全书一万卷，是我国历史上最大的一部铜活字版印书。公元1773年（清乾隆三十八年）朝廷曾用枣木刻成253000多个大小活字，先后印成《武英殿聚珍版丛书》138种，共计2300多卷。这是我国历史上最大的一部木活字版印书。

我国印刷术在版画方面，也有卓越的贡献。版画的起源，应该从殷周时代的甲骨和铜器玉器的图案算起。在汉魏六朝间，碑、板、墓砖的花饰，已和版画有密切关系。大概在这时期，佛教徒为了念经记数，开始印制佛像，以后版画渐渐流行起来。大约在公元1320年间，我国木刻图画的纸牌（道具），传到了欧洲大陆。元朝在公元1340年，用朱墨两色套印了《金刚般若波罗蜜经》，这是世界上最古的套色版书籍。公元1581年，明代湖州人凌瀛初用四色套印了《世说新语》。以后套印的版画更多，特别是公元1627—1844年，南京胡正言彩色印刷的《十竹斋笺谱》，颜色鲜明和润，就是现在看来也还是了不起的杰作。最早的彩色木刻画是用几种颜色涂在一块雕版上的，这样的成品很不精致。不久，就发明了“饾（dòu）版”套印法，即先把彩色画稿的各种颜色分别开来，每一种颜色刻一块木板，印刷时依色逐次套印，就可以印成一幅色彩繁复的木刻画了。以后又加上“拱花”的方法，使彩色画在纸上凸凹，像浮雕似的，更为精彩生动。我国套版版画的发明，给全世界贡献了丰富的优美艺术作品。

英国科学家李约瑟，在他所著《中国科学技术史》中提到，西方各国在雕版印刷上，落后于中国约600多年；活字印刷，落后约400多年；而金属活字的印刷，也落后约100多年。

中国的印刷术传到欧洲后，打破了只有僧侣才能读书受高等教育的垄断，为文艺复兴的出现，以及科学技术的发展，开辟了道路。肯定地说，我国造纸术和印刷术的发明传播，推进了全人类的文化发展。

七、火　药

火药是一种混合物或化合物，当它受到冲击或高热的时候，会产生剧烈的化学变化，因而产生高热和多量的气体。现在世界上有许多种类的火药，但是，最早被人类利用的，要算我国发明的火药，也就是一般说的“黑色火药”和“褐色火药”。

黑色火药的主要成分是硝石（75%）、硫黄（10%）和木炭（15%）。在爆炸的时候，化合成硫化钾、二氧化碳和氮气。但在炭分较少的时候就化合成硫酸钾、一氧化碳和氮气。火药燃烧以后，大约产生原重45%的气体，这些气体的体积在高温下面，大约膨胀到火药原有体积的千倍以上。如果把木炭的炭化程度减低，那么，火药的颜色呈褐色，它的爆炸力却增高，普通叫作褐色火药。

火药的发明应归功于古代的炼丹家。我们的祖先很早（公元前后）就发现了黑色火药的各种主要原料——木炭、硫黄和硝石。世界各民族对木炭的应用都很早，我国古书中就有“季秋代薪为炭”“仲夏禁无烧炭”等记载。硫黄在我国古代称作石流黄、留黄、流黄、硫黄。我们的祖先大概在公元前后，从南方发现了天然硫黄的富源，例如在湖南的郴县，有大量的硫黄矿。以后，在华北各地也有不断的发现，如山西阳曲的西山，河南新安的狂口，便是硫黄矿产比较有名的地点。在《武经总要》（公元1044年）里有好几处提到晋州硫黄的。但是，我国古籍里最早提到“流黄”的是《淮南子》。在西汉末问世的第一本古代伟大药物典籍《神农本草经》上，把石流黄列入“中品药”的第3种，并说“石流黄生羌道山谷中”；也有说出在汉中或河西的，可见硫黄在我国古代发现的区域是很广的。在汉、魏、晋、六朝的丹书里常常提到硫黄，因为硫黄在古代炼丹术里已占重要地位。中国古代炼丹家不仅知道硫黄的存在，而且熟悉并掌握了很多关于硫黄的物理、化学性质，比如熔解和升华现象。升华后的硫黄，古代丹书里叫作“伏火硫黄”。

硝石是黑色火药里的氧化剂。使用硝石，是我们祖先发明火药的重要环节。火药有没有爆炸力和爆炸力的大小，主要依据含硝的成分多少决定。《神农本草经》把硝石列为120种“上品药”的第6种。我们的祖先最早发现它有消除积热和血瘀等医疗效用，所以硝石也叫作“消石”。后来（见《灵苑方》）又发现它可以医治癫痫、风眩等病症。中国古代炼丹家不仅知道硝石的存在，而且熟悉并掌握其性能，使之成为炼丹术里的主要氧化剂和熔剂。

我们的祖先也很早就发现了硝石的工业效用，是烧炼琉璃的主要原料之一［见《诸蕃志》赵汝适（kuò）著，公元1225年］，同时也是劳动人民在金银工艺制作中的主要药料。我国古代建筑上应用琉璃很早，在汉朝的《西京杂记》上就有关于琉璃事物的记载。所以我们可以很肯定地说：我们的祖先至迟在公元前后，便已发现了和现代人类文明有密切关系的“硝”，并能掌握利用它。“硝”在我国古书里有许多不同的名称，除“硝石”“消石”最普通的两种之外，有时也称作焰硝、火硝、芒硝、苦硝、地霜、生硝、北地玄珠，等等。这些东西的化学成分主要是硝酸钾、硝酸钠和硝酸钙等硝酸盐类；李时珍在《本草纲目》里称这类硝为火硝，以免和色味类似的水硝（硫酸钠）相混。水硝在古书里也有许多不同的名称，如芒硝、马牙消、英消、皮消、盆消等。我们的祖先经过长期经验的积累，也发现了近代化学分析中常用的火焰分析法，分辨火硝和水硝。炼丹家陶弘景在公元500年左右，就指出硝石有“强烧之，紫青烟起”的现象。

由于我国很早在工业上和医药上都广泛地利用硝石，所以对于硝的采集和提炼工作，也特别注意。在华北各地，一些低湿的地方像墙根上，常常长着硝（主要是硝酸钙）的细微白色结晶，叫作“墙盐”；这大约是古代硝石的主要来源。在12世纪以后的埃及、阿拉伯古代书籍上，提到硝的时候，都称作“中国雪”（埃及）、“中国盐”（波斯）或“墙盐”。这一方面提供了硝是从中国传到西方去的证明；另一方面，也指出了古代硝石的来源，主要是墙根的盐。天然的硝石，《本草经》说“生益州”，也有说出在武都陇西的；可见古代四川、甘肃一带出产硝石。但因交通不便，不能运出来，所以一些地方用硝主要还是依靠墙盐。直到公元664年，由我国和尚赵如珪、杜法亮和印度和尚法材等，在山西灵石县和晋城县（泽州）发现了烧成紫焰的硝石。那时，我们的祖先已经知道在印度恒河北面的乌苌（cháng）国也产硝石。李时珍的《本草纲目》中说到硝的提炼，用鸡蛋清和硝揉搓拌匀，然后加水，上浮的叫“芒硝”，下沉的叫“朴硝”。芒硝是比较纯粹的硝酸钾，朴硝主要是硫酸钠，但也含有食盐和硝酸钾及其他杂质。所以朴硝可以用作泄下、消化、利尿等药。朴硝在《神农本草经》上是“上品药”的第7种。可见我们优秀的祖先，很早就掌握了提炼和辨认硝石的科学经验。但是西洋人在三四百年以前，对于硝、碳酸钠和食盐，还闹不清楚。西洋古代书中所谓的硝，十之八九是指水硝；在12世纪以前，阿拉伯人和欧洲人都并不知道有“硝石”这东西。

我们的祖先由于在炼丹术里，既用硫又用硝，从而逐渐地发明了可以燃烧的火药。但是对这段长期的艰苦的发明过程，并没有足够的具体的史籍可考。公元600年前后，我国古代的炼丹家兼医学家孙思邈，在所著《丹经》内伏硫黄法中记载着类似火药的方子，说：用硫黄二两，硝石二两研末，加上三个皂角子（焙烧即成炭），放在埋于地下的沙罐里，然后用熟炭三斤在罐口上煅制，如果不小心把炭火落入罐中，会起火药的作用。这应是世界上关于火药最早的记录。后来，到公元809年，清虚子有伏火矾法的方子，也是用硫、硝各二两，和马兜铃三钱半，加工炼制。这个方子虽不能引起爆炸，但是可以引起燃烧。此后，因为炼丹家们把硝石、硫黄合在一起炼制，造成许多烧毁房屋或损伤身体的事。在《太平广记》（公元977年）卷十六，写有一段故事：隋初有个叫杜子春的，往访一位炼丹老人，被邀住下，半夜惊醒，忽然看到从炼丹炉中有紫烟冲出，顷刻间烧起大火。炼丹者在配置易燃药物时，往往因疏忽而引起火灾。

火药虽由炼丹家们发明，但是炼丹家并不希望它有强烈的爆炸力。火药一旦转入军事家们手中，不仅应用它的燃烧力造成武器，而且加强发展它的毒性、爆炸力、燃烧力、发放烟幕力等，进行不断的研制，引起武器制造的改革，从兵刃进入火器时代。

在我国火药用于战争的记载，见宋代路振的《九国志》：唐哀帝时（约公元905—907年）郑璠攻豫章郡，“发机飞火”烧了龙沙门。许洞解释说，飞火就是火炮、火箭之类的。北宋时期，火药肯定已应用在军事上，在公元969年（宋太祖开宝二年），冯义昇和岳义方二人，发明了火箭法，并且试验成功。后来《武经总要》说：“放火药箭者，加桦皮羽，以火药五两贯镞（zú）后，燔而发之。”可见那时的火箭是用慢性燃烧的火药，缚在箭头上引弓发射的。那时射火箭的能手，大都来自吴越，并且还有用抛石机抛掷火药包的，叫作火炮。火药武器所显示的威力，引起了军事家们的重视，同时为了抵抗北方种族的入侵，对于火药运用和武器制造的研究，特别注意。在公元1000年，士兵出身的唐福，和石晋（公元1003年）先后发明了燃烧性的火药武器——火毬和火蒺藜。火药武器的出现又反过来推动了火药的研究和大规模生产。《武经总要》上曾详细地记载着那时的研究成果，以及新型的火药武备的内容。

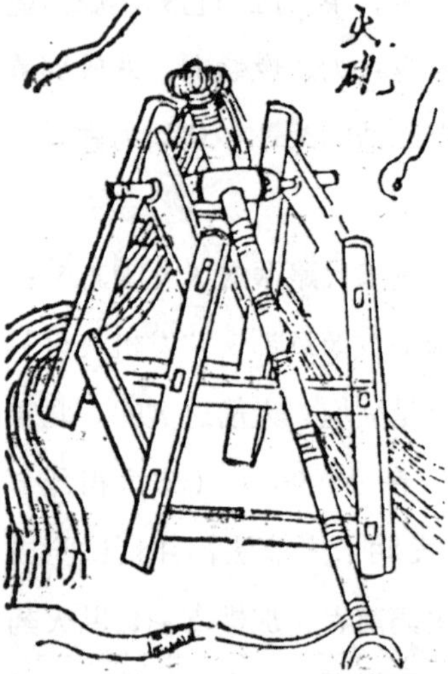

宋代用抛石机来抛射火炮（据《宋史》卷197）

《武经总要》记载了三个火药方子，这三个方子是人类历史上最早的火药成分的记载，现在抄录如下：

1. 毒药烟毬火药法

硝黄	十五两	焰硝	一斤十四两
芭豆	二两半	草乌头	五两
小油	二两半	木炭末	五两
沥青	二两半	砒霜	二两

2. 蒺藜火毬火药法

硫黄	一斤十四两	麓炭末	五两

沥青	二两半	焰硝	二斤半
干漆	二两半	竹茹	一两一分
麻茹	一两一分	桐油	二两半
小油	二两半	蜡	二两半

3. 火炮火药法

晋州硫黄	十四两	麻茹	一两
砒霜	一两	焰硝	二斤半
干漆	一两	定粉	一两
窝黄	七两	竹茹	一两
黄丹	一两	黄蜡	半两
清油	一分	桐油	半两
松脂	十四两	浓油	一分

在第一个方子里，除磂（硫）黄、焰硝、木炭末之外，芭豆、草乌头、砒霜都是毒物，小油、沥青是用以控制燃烧速度的，在第二个方子里也用了沥青。像这样利用沥青的光辉发明，在英美各国，还是20世纪的事情。目前固体燃料的火箭炮，便是用沥青来控制燃烧速度的。在第三个方子里，焰硝几乎占一半分量，可惜没有木炭，其膨胀力只能从麻茹、竹茹的炭分中获得。这三个方子，基本上都是燃烧性的，并无爆炸的能力。但是，在当时能有这样的创造，已是非常珍贵了。

在宋代，对火药的研究既已发展到这种程度，火药制造的规模自然也是相当大的。据记载当时朝廷设有“军器监”，机构很大，下有11个大作坊，火药作、青窑作、火作（生产火箭、火炮等）、猛火油作等；雇用工人多达数万人，分工很细。在公元1083年，宋人为了抵抗西夏人入侵兰州，曾经一次领用火药箭25万支，可见当时火器生产的规模。

由于硝的提炼、硫黄的加工、火药质量的提高，促使火药武器的发展，进一步由燃烧型过渡到爆炸型。上文火药方子中所说蒺藜火毬等，虽也有一些爆炸力，但性能很弱。到南宋以后普遍应用着的火药武器，不断地制造和改进，加强其爆炸性能。据《武经总要》说开始是用干竹子做的霹雳火毬，还有霹雳炮；公元1126年时金人攻开封，李纲曾用霹雳炮击退了敌人。公元1204年，赵淳守襄阳，也用霹雳炮抗击金人。1259年7月，王坚、张珏守钓鱼城，用炮击毙蒙军统帅蒙哥。所谓霹雳炮，究竟是怎样的武器，竟无记载可考，顾名思义，定是声如霹雷，杀伤力很大的爆炸型武器。一直到公元1257年，蒙古人从越南北上，静江（今桂林）震动，宋派李曾伯到静江调查武备，提起有铁火炮大小85尊；并且说荆、淮有十数万尊；又说他在荆州一月制造一两千尊。这个报告不免有些夸张，但也可见那时已有铁制火炮，在荆州一定还有造炮的工厂。至于铁火炮的形式：“如匏（páo）状而口小，用生铁铸成，厚有二寸。”（见赵与衮《辛巳泣蕲（qí）录》）由于当时的冶金铸造已有相当的水平，在武器改革的要求下，有条件以铁壳代替原有的爆炸型武器的外壳。为了多装火药增强炮火的杀伤力，不论是竹壳、皮壳都承受不了强大的气压，必然要改用优越的铁壳。铁壳的强度大，火药点燃后，蓄积在炮腔里的气体压力就大，爆炸威力就大。《金史》中描述说：“火药爆发，声如雷震，热力达半亩之上。人与牛皮皆碎迸无迹，甲铁皆透。”霹雳雷就是这一类的武器了。

管状的射击性武器，是公元1132年陈规守德安时发明的，起初叫火枪。火枪是一条长竹竿，两人拿着，先把火药装在竹管里，点着了火发射出去。以后又有改进，如把竹竿改成铁管等。这种火枪不但用以射击，还可以做冲刺武器。《元史·史弼传》曾说，史弼在公元1274年（元至元十二年）“被宋骑士二人挟火枪所刺。”

公元1259年时，寿春府造了一种划时代的新武器，叫作“突火枪”。据记载“以巨竹为筒，内安子窠，如烧放焰绝，然后子窠发出如炮，声远闻百五十余步。”子窠就是原始的子弹，火药点燃后产生很强的气压，将子弹发弹出去。近代枪炮就是由这种管形火器逐渐发展起来的。所以，突火枪应是近代枪炮的开山鼻祖。

宋代发明的突火枪
（据《武经总要》）

此后，在军事上用火器的记载，日渐增多。金哀宗时曾用火枪击败元军；金、元在开封交战，双方都用了火炮。至迟在元代，已较普遍地出现铁铸或铜铸的筒式大炮，被称作“火铳”。现在历史博物馆（现中国国家博物馆）保存着公元1332年（元至顺三年）造的一尊铜炮，是已发现的世界上最古的铜炮。元末农民起义，很多自制大炮，在浙江曾保存着公元1356年的大炮两尊。

在明代著名军事著作《武备志》中，有许多新发明的武器图说，如能同时发射10支箭的“火弩流星箭”、发射32支箭的“一窝蜂”等，还有类似初级火箭的“神火飞鸦”等。特别是有一种“火龙出水”的火器，可以在距离水面三四尺处飞行，远达两三里，“如火龙出于水面，药筒将完，腹内火箭飞出，人船俱焚”。可以说这是雏形的两级火箭：它利用四个大火箭筒燃烧喷射产生的反作用力，把龙形筒射出去，当四个箭筒的火药烧完后，又引燃龙腹里的神机火箭射向敌方，设计、构造确属先进的了。明末因抵御在东北崛起的满族统治者的入侵，在兵器方面曾有巨大的发展。从手抄本的《武备志》里，发现当时曾有人制造出喷射推进的圆弹，装置两翼，在辽东的战争中应用过；它的原理和近代的飞弹是相同的。清朝封建王朝建立后，深恐这种兵器在人民手里，用以反抗暴力的统治，所以严厉禁止流传，在晚清刻本的《武备志》里，完全删去了。以上所说这些火药武器，在当时都是世界上最先进的。

明代的火器“神火飞鸦”（据《武备志》）

明代的火器“火龙出水”（据《渊鉴类函》引《兵略纂闻》）

火药不仅造成武器用于战争，另一种用途是作娱乐品焰火的原料。在《武林旧事》（公元1163—1189年）、《梦粱录》、《事林广记》等书上，都有关于当时（南宋、元朝）怎样用焰火来欢庆节日的纪事。火药也逐渐被人们熟悉掌握，用于开山、破土、采矿等，为和平建设、开辟劳动生产的新途径做出贡献，有益于人类。

在前面已经说过，13世纪的阿拉伯书籍中就出现了“中国雪”等对硝的称呼；硝是随着我国和波斯、阿拉伯等国的商业贸易而西传的。至于火药和火药武器，首先传入阿拉伯，再辗转传入欧洲。13世纪阿拉伯人的兵书中有“契丹火轮”“契丹火箭”等名称，“契丹”就是中国，在西洋史中称“公元1354年（当我国元朝顺帝时——作者注）德意志僧侣发明火药”。就算是发明吧，距我们祖先孙思邈最早实验火药方子，晚了700多年，距我们祖先大量使用火药造武器的时代，也晚了将近400年。所以在12世纪时，我们早已有了“火炮”，而在欧洲的战争中，还是像堂·吉诃德那样的骑士们，只能在马上用盾牌、长矛、刀剑冲杀，人民无法用这些原始的武器，冲开贵族领主们所盘踞的坚固城堡。一直到明洪武年间（公元1368—1398年），撒马儿罕的元驸马帖木儿建帝国，向外扩张，占领了德里、波斯。在西域一带，利用火炮称雄一时。可能就在这时，西方人把我国新型的火药武器带了回去，才广泛地传播于欧洲。恩格斯曾说：“法国和欧洲其他各国是从西班牙的阿拉伯人那里得知火药的制造和使用的，而阿拉伯人则是从他们东面的各国人民那里学来的，后者却又是从最初的发明者——中国人那里学到的。”[①]他正确地指出历史的事实。其后，西方人民才用东方的火药武器，摧毁了贵族领主的城堡，推动了社会的前进。

火药、造纸、印刷和指南针，是世界公认为我们的优秀祖先们奉献给全人类的伟大创造，而为人类的文明史写下了绚丽不朽的篇章。马克思对这段历史做了深刻的描绘：“火药、指南针、印刷术——这是预告资产阶级社会到来的三大发明。火药把骑士阶层炸得粉碎，指南针打开了世界市场，并建立了殖民地，而印刷术则变成新教的工具，总的来说变成科学复兴的手段，变成对精神发展创造必要前提的最强大的杠杆。”[②]

① 《马克思恩格斯全集》第14卷，人民出版社1964年版，第28页。

② 《马克思恩格斯全集》第47卷，人民出版社1979年版，第427页。

八、机　械

我们的祖先，很早就陆续设计和制造了许多的耕作机械、纺织机械和交通机械，为自己和后代创造了更好的劳动条件，进一步发展了生产。这许多机械，有的利用人力和兽力，有的利用水力和风力，也有利用天然的燃料使它们帮助人们做工。大约在两三千年以前，就有了基础，很多种机械，到今天为止，还是我国广大农村里的主要生产工具。

农具和农业水利机械

许多现在农村里应用着的生产工具，都是经过了劳动人民长期经验的积累和不断的改进，逐渐演变而形成的。在古代，一般都把这些功绩记在神农、后稷（jì）、黄帝等神话似的人物名下。但是，我们从这些工具名称的变化，便可以看出它们不是一天所能创造的，也不是一个人所能创造的。比如说，叫作艾、耨（nòu）、耒耜（lěi sì）、杵的这些农具，从字的结构来看，一定都是手用的石器或木器；大概在新石器时代，至迟在石、铜交替的时代（大约在3000年前），便早已有了。到了铜器时代，这些工具，便逐步发展成为金属制的镰刀、犁、锄头等现代型农具，这样，就使生产力又提高了一步。

比如说，古代刈（yì）草的镰刀叫作艾，但是从字体上看，一点儿也看不出它是金属做的。到《周礼·考工记》里才有“镰”这个字，在《诗经》、《禹贡》和《尔雅》里，也叫作“铚（zhì）”，这些工具的名称，在字体上，就都有了金属的意思。再如“耨”，是古代耘苗除草的农具。《吕氏春

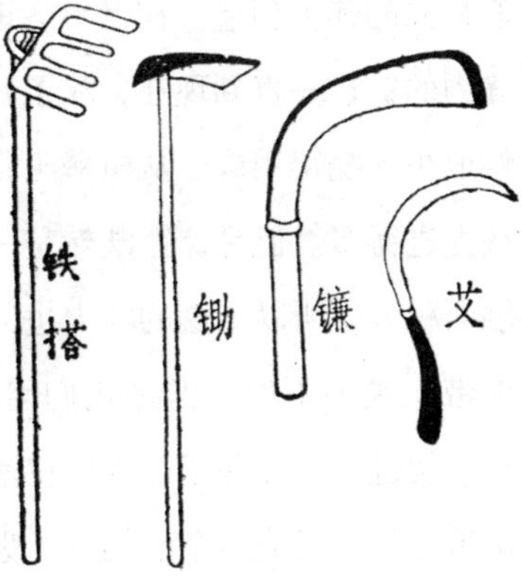

艾和镰刀，锄和铁搭（据《农政全书》）

秋》说，耨宽6寸，有几尺长的柄。《淮南子》说："摩蜃而耨"，可见耨是大蚌的壳，经过磨制锋利做成的。可能在早期，我们的祖先就是用蚌壳在地上刮除野草的；后来，也许为了蹲着身子劳动不方便，又容易乏累，才装上木把。到了铜器时代，才有金属制的镈（bó）钮（chú）、锄等现代形式的助耘工具。

还有一种农具，起初叫作欘（zhú）或鲁砍，到了铜器时代便叫作镢（jué）或鐯斫（zhuó）。它的形式和锄相像，有大小宽狭的不同；不过，一般都是一厚块可以用来尖劈的石片或铁片，垂直装置在长木把上，利用挥动时的动力，自上而下击入土里，再利用科学的杠杆原理，向外推动长柄，有效地撬出土来。像这种利用挥动的动力来劚（zhú）土的农具，是我们祖先的伟大创造。在世界各地，劚土的工具，通常都是利用静力的铲；一直到现在，除了开矿的矿工和筑路工人以外，他们很少人晓得用镢。从机械工作的效能来讲，镢比起铲来，实在先进得多。但是，镢既然是一整块铁片，入土时和土壤的接触面积大，所以土壤的阻力也大，不易深入，尤其在南方黏土地带，更为不便。但是我们优秀的祖先，为了要克服这种困难，便进一步发明了今天仍在南方通行的"铁搭"。铁搭普通是带有四个齿或六个齿的镢，齿形扁长而锐利，因为跟土壤的接触面小了，所以阻力也就减小了。这种农具在华北一般叫作钉耙，北京近郊叫作四齿。铁搭在什么年代才发明的，已难查考，我们在徐光启著的《农政全书》里，可以看到和现用铁搭完全相同的图样。

再如耒耜，是一种耕田翻土的工具，它在古代农业劳动中，有着非常重要的地位，一般传说是神农创造的。《易经·系辞》："斫木为耜，揉木为耒。"可见耒、耜全部都是木作的。耒指曲柄，长6尺6寸，耜指翻土的齿板，宽5寸。在耒的执手处有一条横木，它的作用是便于推刺。到了铜器时代，大概耜就不用木制。至于牛耕的开始，比较晚一些。古代除了祭祀用牛以外，享宾、驾车、犒师也用牛，但一直到孔子（公元前551—公元前479年）的时候，才有关于犁牛的记

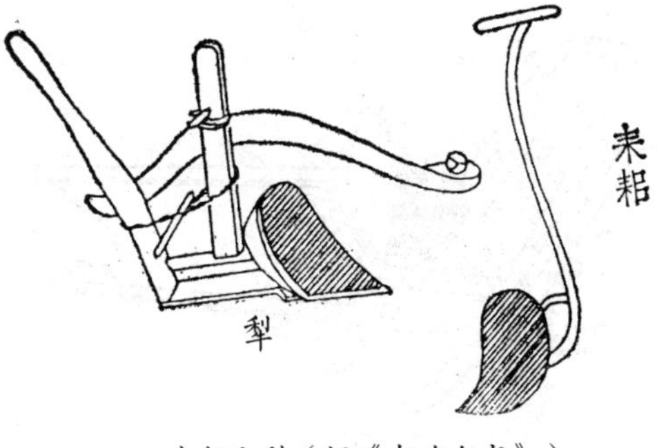

耒耜和犁（据《农政全书》）

载。犁是牛耕的工具。耕田用牛，又进一步提高了农业的生产力。犁的构造，主要分为三部分：铁制的“镵”（chán）、木制的“梢”和“槃”。犁梢是人握的把手，犁盘是驾牛的曲杆，犁镵是起土的铁铲。犁的形式，从汉以后，基本上没有什么变化。在汉武帝时代（公元前140—公元前87年），有一位农业生产部门的官吏赵过，把犁改良成三脚犁，牛拉着犁，又耧（lóu）地，又下种，不但节省了人力，同时使生产增加了好几倍。有人管这种犁叫三脚耧之外，也有叫耧犁或耧车的。在现今河北、山东一带，都还有使用的。

在陕西关中一带，也有使用四脚耧的，但要多用一头牛，耕种却非常方便。到公元994年（宋淳化五年），现在的安徽颍（yǐng）州和河南的东部淮河流域，兽疫流行，死掉许多耕

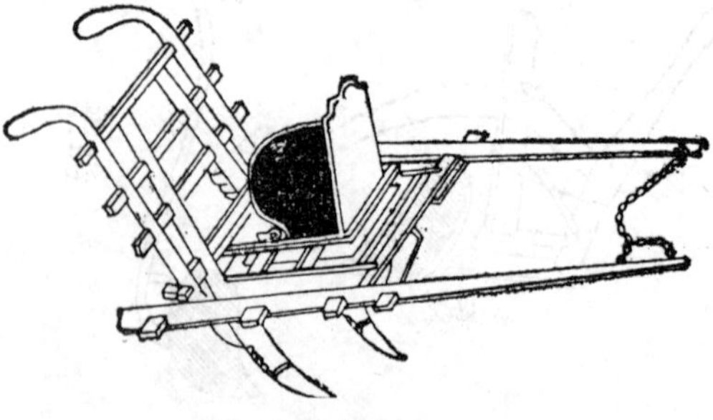

三脚耧（据《农政全书》）

牛，便有人为了补足劳动力的缺乏，将犁改成了踏犁，后面用人踏着，前面用人力就能拉动。此后到公元1005年（北宋景德二年）才推广到河北各地。犁是用来深耕的，到公元500年左右（六朝时期），我们的祖先已经肯定了只有把土耙细，才能得到更多的收获。那时做细耙工作的农具，叫作铁齿镉锛，就是现在的人字耙。到后来，也有用方耙的。在耙田的时候，牛在前拉，人就站在耙上，利用体重使耙齿深入土里。六朝时我们的祖先也知道了秋季雨后土地会变硬，所以在华北各地，都用条木编成的“劳”来摩田，使土地松动。

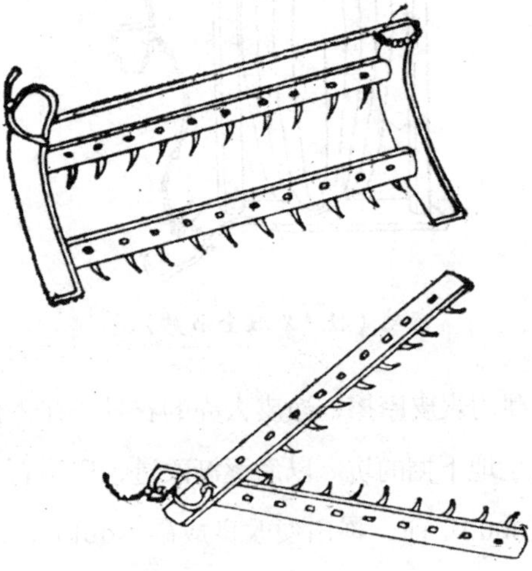

方耙和人字耙（据《农政全书》）

这种农具有时也叫作摩，在北京叫作盖。到隋唐之间，我们的祖先已经懂得播种以后，必需要把土略微压紧，否则，土松不易生根。为了大规模做压土工作，我们的祖先发明了以滚压的科学理论为基础的碌碡（liù zhou），也叫作磟碡。这种农具在华北各地，还在普遍地运用着。在北京，凡是用一个石磙的叫“压子磙”，用两个石磙的叫“磴子”。

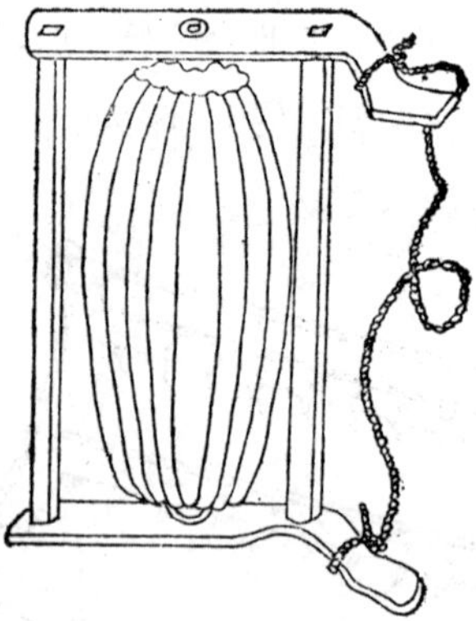

碌碡（据《农政全书》）

杵臼是利用表皮摩擦，净皮去壳的农具。在古代，杵是一根木杆，臼是地下掘的坑。以后逐渐改进，臼用石制，可以移动。大约在3000年前，杵臼便改良成碓（duì），碓仍旧是引用着杵臼的原理，不过把杵改成石作的，架了起来，利用杠杆原理，用人力踏动罢了。可是，这样一来、工作效率便提高了很多。后来到公元前后，又利用水力、杠杆和凸轮的原理，做成了水碓，节省更多的人力。到公元270年左右，杜预（公元222—284年）发明了连机碓。杜预的天才创造，有着非常意义的科学基础。它利用水力，激动水轮，轮轴上装着一排滚角不动的短横木，好似一排角相不同的凸轮，当轮轴转动时，横木一个接一个地打动一排碓梢，使碓舂米。这样的装置，可以平均地利用水力，减少消耗，增加了效率。

连机碓（据《农政全书》）

大约在春秋时代，也就是公元前530年前后，鲁班发明了磨，有磨脐、磨眼、磨盘，用漏斗盛着粮食朝磨眼里漏。这种磨和我们现在用的磨相似，鲁班叫它辗（niǎn），现在江浙一带叫作砻（lóng），也叫作砻磨。

砻磨（据《农政全书》）

古时的砻是编竹做成外围，里面盛着泥土，砻面用竹木密排的齿，破谷不致损米。用来转动砻的是一根拐木，贯穿在砻的横木上，并且用绳挂在梁上，用人力前后推动。这样前后的运动便变成了磨的回旋运动。这种运动转换的办法，和现在火车头上活塞前后运动，推动曲棍运动车轮的原理，完全相同。砻磨也有用兽力牵动的，后来，更有用水力激动水轮来带动的（这大概是公元3世纪发明的）至迟到公元1300年左右，我们确定地发现了绳轮的机械原理，据那时王祯著的《农书》上说："复有畜力輓行大轮轴，以皮絃或大绳绕轮两周，复交于砻之上级。轮转则绳转，绳转一周则砻转十五周，比用人工，既速且省。"这实在是伟大的机械创造。

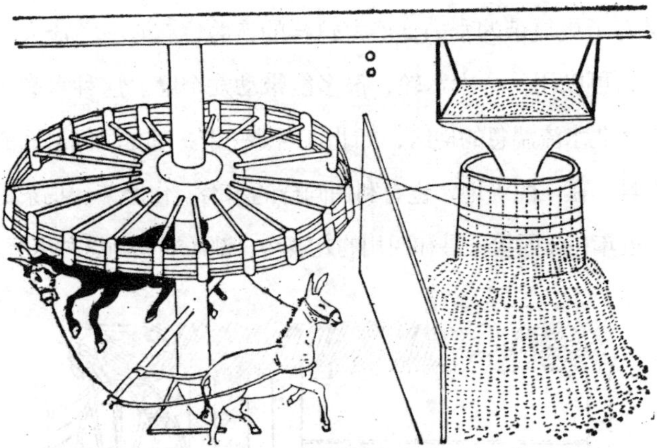

畜力绳磨（据《农政全书》）

用石头作磨，因为重，可以把麦压碎，磨成粉。《说文》里已有"麪"字，所以大概在2000年前，我们的祖先已懂得面食。不过，制造石磨先要有铁器，所以面食的普及，大概在秦汉年间。自从有了磨以后，我们食品的种类便更加丰富了。

前面提起的发明连机碓的杜预，还发明了用兽力拉的连转磨。这种磨的主要部分是中间的一个巨轮，用兽力拉动，轮轴直立在镈（zūn）臼里，上端有木架管制，不使倾倒。在轮的周围，排列着八个磨，轮辐和磨边都用木齿相间，构成一套齿轮系。当牛牵动轮轴，八个磨就同时都转，可以节省许多劳力。以后又经过长期的改进，大约到公元600年左右，我国又有了更复杂的水力连磨。这样的连磨，有时在急流大水的地点，可以用一个大水轮，最多能带动九个磨。这种水磨，在过去华北水流湍急的地区，如北京西郊一带，都是民间磨面的主要工具；在江西等地，也有利用同样的水磨，作磨茶、捣茶的工作。近年在江西星子县和四川的九寨沟，都还能见到这种水磨。

水转连磨（据《农政全书》）

磨发明的同时也发明了碾。20世纪50年代，碾在全国各地还普遍地利用着。碾这名称，也有叫作“辊（gǔn）辗”，四五世纪间，崔亮参照杜预的连磨办法，利用水力造成了水碾，这种水碾，直到现在，在云南、贵州、湖南、四川等地还可以看到。

在书籍中最早提到扬谷器扇车（江浙一带叫风车）的，是王祯的《农书》。它的构造已经利用了风扇、曲柄和活门等机械原件。在《天工开物》里，还有一幅“风扇车”（当时也叫风车）的图样，和我们现在农村里所常见的扇车并无不同。

据西汉史游《急救篇》所说，大约在2000年前，我们的祖先已经发明使用这种扇车了，而欧洲大约到13世纪才会使用类似的工具，比我们晚了1400年。

我国在灌溉方面的机械，也有许多卓越的成就。最早的大概是“戽（hù）斗”，传说是公刘发明的，那离现在要有3500多年了。戽斗符合现代力学上所说的合力与分力的原理。它的用法：有一个柳条编的或木制的斗，在两边各连两条绳子，由两人对立拉着绳子，同时同方向地挥动，就能把水从低处用斗送到高头田地里去，在华北一带是很通行的。过去在山西解州的盐池，盐工们也用戽斗制盐。此外，在公元前1700年左右，

风扇车（据《天工开物》）

还出现了桔槔（jié gāo），传说是伊尹发明的。桔槔是利用杠杆原理的取水工具。在井边的大树上或立个架子，横卧一竿，竿的一头吊一根长竿，可以钩住水桶下垂井中，横竿的另一头缚一块石头以平衡重量。这种桔槔，曾在我国各地农村长期普遍使用。在西方，埃及最早发明，大约在公元前1550年前后，比我国古籍里的记载，晚了约两个世纪。桔槔的缺点是只宜汲取浅水，如果从深井取水，就要用辘轳（lù lu），辘轳不知是什么时候发明的，但在王祯的《农书》上有详细的说明：一根很粗的横轴，轴上缠着挂水斗的井绳，轴的一头装着曲柄，人

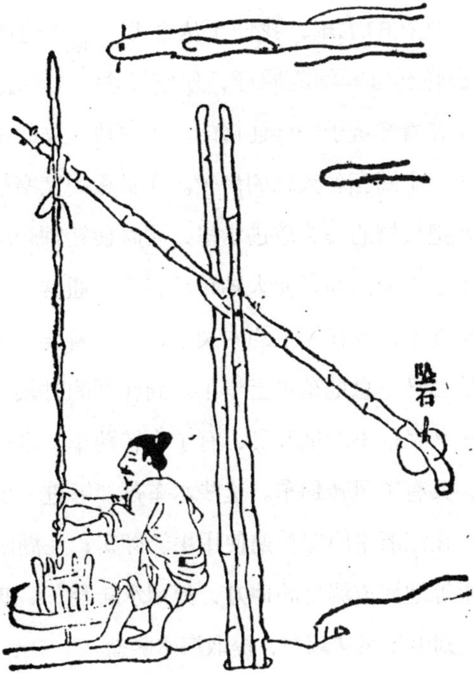

桔槔（据《天工开物》）

转动曲柄，井绳便可带着水斗上下汲水。辘轳也是我国农村曾长期普遍使用着的。我们下放劳动也都体验过，摇辘轳还得掌握一定的技巧，并不是放下井绳就能提上水来的。

在我国南方如江苏、浙江、湖南和四川各省，广泛使用的水车，是在公元230—240年马钧发明的。在马钧之前，汉灵帝时（公元168—189年），曾经有毕岚做过引水的翻车，不过翻车是否就是现在的水车，我们无从查考。水车也叫龙骨或翻车，应用齿轮和链唧筒的原理，使它汲水。车身是狭长的板槽，中间安装着像链子一样连接的，一块块直立的木板（龙骨板），连成一个圈套着大轴的齿轮。龙骨板的宽窄恰好和槽身配合，只要把板槽的一头放进水里，同时使轮轴转动，就能把水从板槽里车上来。为了使大轴转动容易，通常都在大轴的两端装上四根拐木，放在岸上的木架下，人靠着架子踏动拐木，龙骨板便能循环不息地车水上岸了。到元朝的时候（公元1300年），水车又经过不断地改良，有了牛转翻车、水转翻车。到明朝末年，又有了风转翻车。这些水车都能够进一步利用机械代替人力。在江浙平原曾普遍使用牛转翻车；在湖南、四川、贵州、甘肃等地河流湍急的地方，都用水转翻车。塘沽和大沽口海滨居民则沿用风转翻车，提取海水晒盐。

还有一种“筒车”。在唐、宋的文学著作中有一些写“水轮”的诗、赋，描写这种水轮的灌溉功能，可引水到高远的地方。从诗文的内容看，虽不知其形状，但可推断不是上述的水车。王祯的《农书》卷十八中指出这是筒车，并绘有图样。筒车的构造原理和水车相同，但是，筒车的大轮高出陆地，在水中还有一轮；不用龙骨板而用拴着竹筒或木筒的木圈绕着两

水车或翻车（据《农政全书》）

水转翻车（据《农政全书》）

轮；不用人力而用水力，水力激动转轮，木圈带动竹筒回环兜水，可以日夜不息。这和诗赋所描绘的相符。唐、宋时因轮轴的进步，对水车加以改造而创出筒车，当时可能已普遍使用，成为灌溉的重要工具，由于它有很高的功效，引起人们的赞誉。据史书记载，公元1075年（北宋熙宁八年）大旱，运河干涸不能通船，地方官调用装有42个管筒的筒车，抽梁溪的水灌运河，车水五昼夜，河水流通，船只往来。可见这种筒车的功率之大，绝非人力踏转的水车可比。

但是这些水车都只能用于河边或海边，并且必须斜放着，对于不靠水的旱地，就没有用处了。在明末，河南一带曾经打

筒车（据《农书》）

了许多井，用井水灌田。为了适应垂直取水的要求，我们的祖先又发明了龙骨水斗。用一连串的水斗，套在一个大轮子上，轮轴上装着一个立齿轮，这个立齿轮和上部一个卧齿轮互相衔接，用牛马拖动那个卧齿轮，转动立齿轮，水斗就不断地从井

甘肃兰州的水车

里把水提上来了。20世纪50年代在兰州，我们还见到过设在黄河边的大型立式水车。

为了农田灌溉和农产品加工，我们的祖先们无比聪颖地创造出各种有关机械，而且因地制宜地结合实际条件，既节省劳力又便于使用。这些农具和农业机械的发明，有力地说明我们优秀的祖先们，一两千年前，就明确理解了许多科学“原理”，并且掌握使用，这些业绩在人类历史上是完全处于领先地位的。

纺织机械

我国是世界上生产丝织品最早的国家，早在公元前2000年时，传说已有缫（sāo）车和机杼。原来，我们祖先的衣服主要用兽皮，有了丝织品就多了一种制衣的材料。我们在《诗经》和其他古典著作上，可以找到很多关于蚕桑缫织的记录。《淮南子》曾说古代祖先开始时用手指经绖（guà）丝缕，织成原始的丝帛，工作效率很差，一直到后来发明了简单的织机，才使大量生产成为可能。《诗经·小雅·大东》中有杼柚这名称，可见幽王时代（公元前781—公元前771年）的织机已不简单。这种织机经过不断的改进，到汉昭帝时（公元前86—公元前74年），才由一位优秀的女纺织工程师，陈宝光的妻子（今河北省巨鹿县人），天才地创造了一部提花机。她用120个脚踏的蹑（niè），管理织机，60天便可以织成一匹花绫，这种花绫是当时很珍贵的东西。提花机在后来又逐步简化，减少脚踏的蹑，到三国时，马钧改成12蹑；到南北朝时，一般只有两蹑了。这种改良提花机，一方面使织品更精致，一方面更简单合用，所以很快就普及各地。此后的纺织机都是从这种提花机蜕化出来的。我国的丝织技术，有长期的经验，并不断提高，织工又有熟练的手艺，因而在世界上赢得很高的评价。我国的丝织品不但能自给自足，而且是土耳其、波斯和欧洲人所最喜好的商品。在公元1300年左右，我国的丝织工业，是世界上最发达的。丝织品的贸易，开发了亚欧的大陆交通，欧洲人至今还叫这条陆路交通线作“丝路”。丝，在欧洲人的心目中，代表着光辉灿烂的东方文明。到今天，在欧洲的语言

提花机，即后来的织机（据《农政全书》）

里，“丝”和“茶”的发音，都是跟着我们叫的。

木棉是热带的产物，大概在汉以后才开始从越南传入我国。到宋元之间（公元1000—1300年），这种草本的木棉逐渐普及到江浙一带，从此在我国的农业生产上，便占了很重要的地位。为了把棉花做成布，在公元1300年时，我们的祖先根据丝织的经验，已经创造了一整套的棉纺机械：有轧去棉子的木棉搅车，有把棉花做成棉䌟（bó）子——繀（suì）的纺车、纬车、经车和经架，有把䌟子（先用稀糊浆过晾干）做成棉纴（rèn）的拨车，有把四股䌟子合成一股线的线架。这样一整

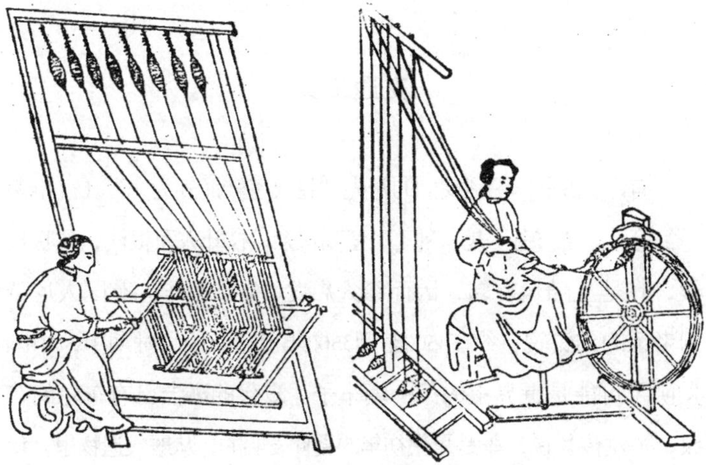

木棉纴床及木棉线架（据《农政全书》）

套的机械，加上原有的织机，顺利地解决了农村里的棉布纺织问题，也促进了棉布的推广。

麻和葛原是野生植物，周代初年大概已经在南方种植。麻、葛织品在古代是很重要的衣履材料。治葛、治麻，由于它们的性质不同，另有一套特制的机械工具，比如麻的纺车，就比木棉纺车大，这种纺车和麻布织机，在江西、湖南乡间，都曾长期普遍地使用着。

此外，秦汉以来，我国就有褐毡，所以毛纺织物也是很早就有的。纺毛线用碓或坠子，在考古文物中已发现这些东西，安阳发掘的殷商遗物中就有碓子，也许是绩麻线用的。

交通工具

有许多古书，说到我们的祖先“见飞蓬转而知为车”（《淮南子》等）。“飞蓬”是一种草，茎高尺余，枝叶大而根浅，风吹拔根，在地上随风旋转，因而给人启发，制造车子。英国人尼特姆考证的结论说：约在4500年到3500年前这一段长时期中，中国发明了可能是世界上的第一辆车子。夏代的陶器已有车轮的花纹，《左传》说，车是夏代初年的奚仲发明的；从殷代遗物里，我们也发现了殉葬的车。根据甲骨文字，“车”字是这样刻的：

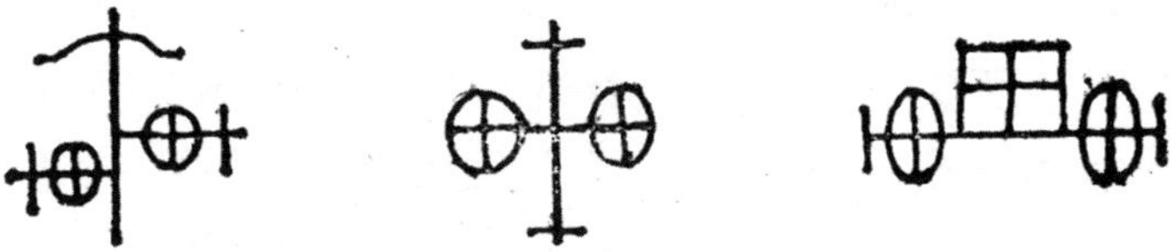

甲骨文中的“车”字

殷代是盘庚迁都以后的朝代名称，也就是指公元前1400多年到公元前1100多年这一段时间。从文字的形状可以看出，当时的车子已经有了车厢、车辕和两个轮子，是构造相当完备的交通运输工具了。有了车辕，表示已利用畜力拖拉。到周朝时，车子的种类已有不少，有老百姓用的舆和辇，舆是用牛拉的，辇是用人推的；有专门用来作战的各种戎车；更有当时王侯将相们用的路车。从《诗经》的描写里，我们知道路车是做得非常讲究的——车身涂着颜色，插着美丽的旗子，有文竹编的车厢，还装备有鱼皮做的箭袋，驾着高头大马，配着精致的辔缨和铃铛。这些车子，不论是路车还是舆，都是我国古代劳动人民的优秀创造。在那个时期，我们的祖先已经懂得用金属轴承来减少摩擦，以增强车轴和车轮的使用时间。当时的金属轴承叫“釭（gāng）”，每一毂（gǔ）口的两头都镶有釭。釭在早期是铜做的，到后来便改用铁制。

近来在陕西临潼县发掘到的秦代铜车马，制造精美，饰纹刻画、门窗雕镂十分纤巧，扇扉开合玲珑剔透，驷马伫立很是传神；它不仅是当时车的真实模型，而且是一件稀世的无比精妙的铜制艺术品。

秦代铜车马

早期的车子，因为要求平稳不易倾倒，都是双轮的。独轮车的发明，晚了1000多年。在公元230年间，也就是三国时代，据说诸葛亮在山地行军，无法用普通的车子载运粮食，所以发明了“木牛流马”。我们听见这个名字，容易误会它是人工做成的牛马，能够自动行走。其实“木牛”是一种有前辕的小车，“流马”是一种独轮的手推车。可能就是四川乡下，尤其是成都一带普遍应用的“鸡公车”，川东各地也叫作“江州车子”；蜀汉时，川东有个江州县，大概当时诸葛亮曾在江州设

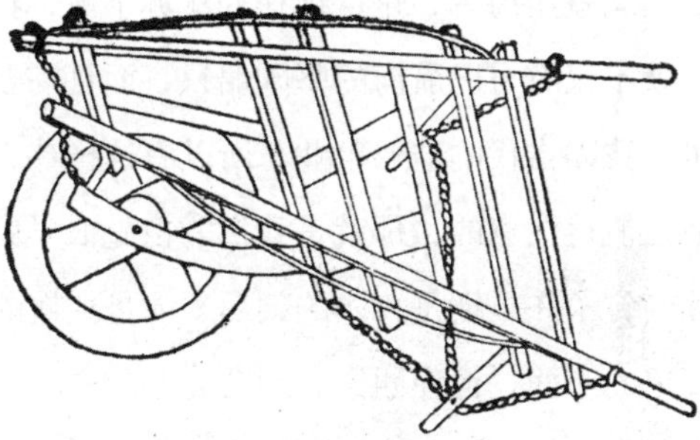

独轮车

计或制造了这种车子。

和发明车子相近的年代，据说我们的祖先“观落叶浮，因以为舟”（《世本》），又说：“见窾（kuǎn，空）木浮而知为舟”（《淮南子》）。后来经过不断的创造和改良（传说有黄帝、虞姁、化狐、番禺、伯益、工捶等人），加上了篙、桨、舵、篷、帆等，逐渐使它完备。《诗经》上并且说：“造舟为梁”，这更见到远在3000年前，我们的祖先已经知道用舟搭成浮桥了。船的应用，在公元前700年到公元前500年间（春秋时代），有着很大的发展。从现在的陕西渭水东下，入黄河，再折向北，到山西绛州的汾水，这条六七百里长的水路，在当时是船只往来，运输很忙的。而且当时诸侯封国之间常有战争，往往出动“水师”配合作战。春秋末年，有一次吴国和齐国打仗，吴国就用海军，是从现在的江苏下海，打到山东去的。这样，就不仅有可以航海的坚固船只，而且需要比较高明的航海技术。我国古代的造船事业，所以有这样伟大的成就，有一件事情是值得注意的，那就是我们的祖先很早就知道了用钉子和桐油。钉子在早期是竹木的，后来才是金属的。钉子和桐油原是简单的东西，但在西洋，到公元400至500年（西罗马帝国后期）造船的时候，还只知道用皮条，不知道用钉子。桐油是我国的特产，一直用来保护船木，到近代，还是我国出口的主要工业原料之一。

史书记载，公元前150年左右，汉武帝在昆明池练海军，已经造成了能容千人的大战船。晋朝王浚造战舰大船连舫，方120步，可以乘2000多人，还有楼，船面上可以跑马。隋朝杨素造了可以容800人的五层大战舰。以后经过唐、宋、元历代的发展，以及商业交通运输上的应用，航行在中国海上的船只，最大的已能载重到30万斤以上了。在南北朝隋唐之间，从中国海岸一直到波斯湾，来往进行和平贸易的，大半都是中国的大海船。这些海船上的装备都很完善，不但有自卫的武装，有帆和锚，还有救生小艇；船上海员们也都有很好的组织和组织规章。到宋朝以后，中国的海舶凭着指南针的发明和应用，多帆多樯和隔离舱等的技术，更进一步成为中国南海上的主人。

宋代是我国造船事业高度发展的时期，造出许多新型船只和远洋巨型海船，不只官方造船，民间也由于用途、形状、设备的不同，造出千百新型船只，充分显示了我国古代劳动人民的才智。1974年在福建泉州湾发掘出一艘宋代海船，尖底、船身扁阔、头尖尾方，龙骨两段接成，是一艘多桅远洋航船，船身有三重木板，13个隔舱，载重量相当大。复原后的古船长约35米、宽约10米、排水量约370余吨（现展出于泉州海外交通史博物馆）。伴随古船出土的文物很丰富，有唐宋铜铁钱、贵重药物、宋代陶瓷器、水果核等。古船和这些文物，具体说明了

1974年泉州后渚港挖掘宋代海船现场

宋代造船事业的成就及海外交通贸易之盛，也证明了福建是当时造船的工业中心之一（该古船属宋以后沿江、沿海四大船型之一的“福船”的前身）。

到公元1405年以后，明朝的郑和七次出使西洋，经过南洋群岛，直到非洲的东海岸，比哥伦布发现美洲的时代，差不多要早着一个世纪。郑和所率领的舰队，有一次是由62艘大海舶编成的，其中大船有长44丈①、阔18丈的，共载27800余人，包括海军官兵、伙夫、翻译人员、算学家、医生和工程师等，而且这62艘船，各有名字和编号。这可以说是我国历史上所记载的最大的船和最有组织的光荣舰队。

轮船，在我国历史上也有很早的记载。在唐太宗时（公元627—649年），曹王设计的战舰，两旁有人力踏动的两个轮子，可以激水疾进。《宋史·岳飞传》和宋吴自牧著的《梦粱录》里，也都有用轮激水行舟的记载。韩世忠在长江下游，曾用脚踏水轮驾驶的船，击退了金兵。这种样式的船，一直到清朝末年，在广东西江还有遗留的。

西洋在蒸汽机发明以后，工业开始发展，而我国人民因在封建统治和帝国主义的双重压迫下，不能继续发挥智慧，以至

① 1丈=10尺≈3.33米

逐渐落后于西洋先进的工业国。但是，我们有着悠久的历史传统，在人民已经自己掌握了政权的条件下，长期受抑制的智慧，必能得到解放而发扬光大。这些年来，我国在造船事业上所创造的成绩，有力地证明了这点。

燃料和其他机械

我国在4000年前，便懂得用炭，据《物原》《通鉴》相传是祝融发明的。《汉书·地理志》说："豫章郡出石，可燃为薪。"豫章郡就是现在江西南昌附近，这是中国发现煤的第一次记录，时间大约是在公元前200年。《水经注》里也有一段关于煤井的记载："邺县冰井台井深十五丈，藏冰及石墨，石墨可书，又燃之难尽，又谓之石炭。"邺县是现在河北的临漳一带，今天仍是产煤的地区。不过，当时对煤的采掘并不普遍，到宋以后才普遍起来。宋代陆游的《老学庵笔记》说："北方多石炭。"元明以后，煤的应用更广。《马可·波罗游记》曾有这样记载："中国的燃料，不是木，也不是草，却是一种黑石头。"从这话里可以发现两件事实，一方面说明煤的应用在当时中国已很普遍；另一方面说明在14世纪以前，欧洲还不晓得用煤。在发现煤的同时期，在现在陕北延长（汉代叫高奴县）和甘肃酒泉一带，也发现了可燃的“石油”，那时我们叫它石漆。在汉朝以后，四川为了开发盐井，也不时发现石油。“天然煤气”的发现比石油更早。《华阳国志》说，当秦始皇时（公元前220年左右），叙府一带（四川）发现火井，在汉朝初年，火焰很旺，到汉末桓帝灵帝时（公元160年左右）一度微弱；到蜀汉时又复旺盛。当时不知道怎样用它才可以避免爆炸。以后在明末的《天工开物》一书里有用竹管接出煮盐的说法。所以我国至迟在公元1600年以前，一定已经克服天然气爆炸的困难，而能够利用它作为燃料了。这比英国人到公元1668年才利用煤气点燃的事实，至少早了约一个世纪。

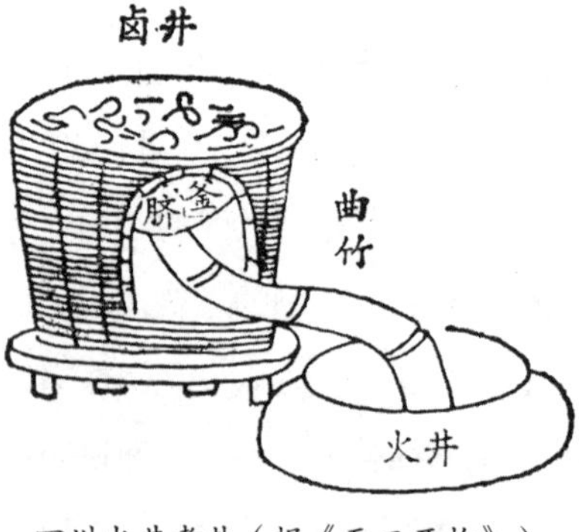

四川火井煮盐（据《天工开物》）

我们的祖先在机械方面有很多优秀的创造。除了上面所说的以外，还有很多流传到后代，长久地为千万人民服务。例如在汉光武时（公元25—57年），杜诗设计了冶铸时用来吹炭的水排。水排的原理是用水激动水轮，再利用曲棍，把水轮的圆周运动转化成风箱的往复运动；那时的风箱非常简单，只是一个单纯的箱子，在箱底里挖个窟窿，箱盖的开闭便是吹风的动

风箱（据《天工开物》）

作。水排在后来又经过改进，而主要的进步是风箱。后来，在我国农村和城市作坊里普遍应用的风箱，不知道是什么年代发明的。但是在明末的《天工开物》里有着很明白的说明，这证明了在当时（公元1600年左右）的风箱，已经是非常重要的冶金鼓风工具了。跟风箱有同样作用的工具，便是蒙古、甘肃、新疆一带普遍使用的“鞴”（bèi），这是古代游牧的兄弟民族的创造。又如抽水的唧筒，在我国大约是公元1060年以前发明的。在《东坡志林》里，有关于四川盐井利用唧筒抽水的记载。其他如在公元前后，长安的劳动者丁缓发明“七轮风扇”，公元400年左右，有人发明“记里鼓车”，……这些都是我们祖先特殊的劳动创造。

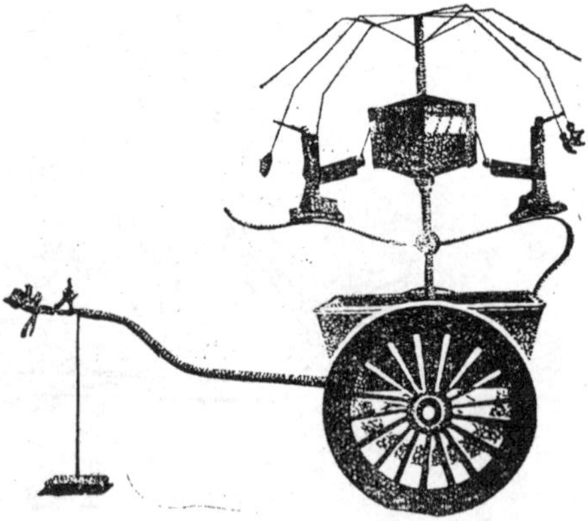

记里鼓车的模型（据王振铎同志研究复原）

我国劳动人民在历史上的机械创造，是说不尽，写不完的。许多宝贵的创造记录，由于封建统治阶级对于科学的轻视，都已失传了。也有很多天才的创造，如指南车、记里鼓车、浑天仪等，曾几度失传，又几度重新发明制作。祖先们这样坚韧不拔地为科学工作忘我奋进的精神，我们是要学习而继承的。

九、建　筑

建筑是表现文化传统最明显，最具体的一个方面。世界各国的古文化，除了印度和中国以外，都已成了历史陈迹。我们祖国5000年悠久的文化，连绵不绝，根基深厚；像建筑，就能够在世界上独特地自成一个完整的体系。

世界上没有一个国家，有像我国万里长城这样雄伟的建筑；也没有一个国家，有像我国这样丰富的，到处保存着精巧的、和谐的、经历了几百年岁月的古建筑。世界上更没有一个国家，有我们这么多的建筑形式，比如：瑰丽的牌坊、崇高的佛塔、恬静的院落、奇巧的桥梁和宏阔的殿堂，等等。当人们看到这些分布在城市和乡村里的古迹，无不感到倍为亲切而受到激励、启迪和鼓舞。这是我国的无数科学工作者和劳动人民，经过了长期的努力，推陈出新，兼容并蓄，在实践中创造出来的成果。

由于气候水土的不同，在古代，我国的建筑就分为南、北两个系统。华北地区，土厚水深，地质坚凝，所以古代建筑，先从穴居逐步地演进为土石、砖石建筑体系。长江流域地势卑湿，原始居民多栖息在树上，以后再由这种巢居的情况，演进为楼榭等木架结构体系。现在所遗留的古建筑，前一类的代表有城墙、石桥、砖塔、无梁殿等；后一类的代表有宫室、庙宇、道观等。由于南方潮湿、白蚂蚁为害，古代木结构建筑保留下来的不是很多。

西洋古代的建筑材料多是砖石，像我国这样广泛利用的木架结构建筑，在世界上是绝无仅有的。所以，可以说木架结构建筑，是我们祖先的独特创造。

大致说来，木架结构是先在地上打好基础，安上础石，在础石上立木柱，再搭成梁架。安置梁架是这种建筑的主要工程，和西洋建筑的开土立基一样，有着同样重要的意义。过去“上梁”都要选择“吉日”，还有隆重的仪式。梁架与梁架之间以枋连接，上面架檩（lǐn），檩上安椽（chuán），做成一个骨架，以承托房屋上部的重量——屋顶和瓦檐。墙壁只作间隔的用途。柱与柱之间则依实际需要开置门窗。这样，可以使门窗绝对自由，大小有无，灵活运用。因此，同样的骨架，可以使它四面开敞做成凉亭，相反，也可以砌成四壁封闭的仓库。寻常房屋的厅堂、门窗、墙壁、内部间隔，都可以按照不同的要求变化设计。这样，和现代的钢架或钢筋混凝土建筑，原则上有相同的地方。我国的这种建筑，解决了西洋砖石结构建筑认为非常困难的开窗开门的问题。这种结构的基本原则，至迟在公元前1500—公元前1400年，大概就形成了。《诗经》《易经》等古书里所描写的古代房屋，就是这种建筑的原始形态。从安阳发掘出的殷墟故宫遗址，有着柱础的迹象，从那种柱础的布置上看，我们可以断定上文记述的可靠性。这种木架结构法，3000多年来不断地发展着。一直到今天，凡是和我国有密切关系的各民族地区，也都存在着这种结构的建筑。

人民传颂的古代建筑师，是公元前7或6世纪的鲁班，由于他对建筑房屋、桥梁和制造车舆的造诣，以及对日用器皿和木工工具的创造，被推崇为巧匠，称作木工的鼻祖。解放前北京有一条专卖木器的街，旧名“鲁班馆”，现在上海还有一条“鲁班路”。可见他的创造和发明，无疑是深刻地影响着祖国的木架结构建筑科学，而和人民生活密切相关的。

在木构建筑里为了解决横梁和立柱衔接处，横梁所受的集中的剪力问题，我们优秀的祖先，发明了“斗拱”——从柱顶加上一层层的弓形短木，是“拱”；在两层拱之间垫着的斗形方木是“斗”，合称斗拱。它成为立柱与横梁间的过渡部分，将建筑物上部的重量，平均分配在承托的构架上。在发展的过程中，这种斗拱的结构变化最大，做法最巧。起初很简单，不过是方形木块和前后左右挑出的臂形横木所组成；以后，它不但为使梁和柱的力维持得长久，而且可以把屋檐挑出更长以保护墙壁。但是，檐长了会影响室内光线，便又出现了四角上翘的飞檐等。至迟在公元前6世纪中，斗拱已成为宫殿等大型建筑物不可缺少的部分了。《孟子》“榱（cuī）题数尺”就是指斗拱挑出屋檐的事实。汉朝石阙和崖墓石刻的木构部分，都指出了斗拱的存在及其重要性。唐以前，斗拱可能已有标准化的

汉画像石（拓片）中的建筑

比例尺度。这些规格，在宋朝的伟大建筑师李诫（明仲）所著的《营造法式》（公元1102年）中有着详细的说明。

虽然木架结构建筑物不易维持久远，但是，在国内各地，原来保存到500年以上的还是很多，700年以上的也有三四十处（经过“文化大革命”的浩劫，不知这些古建筑的命运如何了）。至于1000年左右的，除敦煌石窟的窟檐以外，经建筑史学家们调查研究过的，有五台县的唐朝佛光寺大殿和蓟县独乐寺的山门和观音阁。这几处珍贵的建筑，是世界保存完整的最古老的木架结构殿堂，可以说是世界上独一无二的宝物了。

佛光寺大殿，在山西省五台县窦村镇，是公元857年（唐末大中年间）重建的。大殿是单层东西向，面宽七间，进深四间，柱上的斗拱很大，表现着结构的功能，外面屋檐极深远，内部梁架做法很特殊。这座大殿雄伟地屹立在靠山坡筑成的高台上，充分发挥了中国建筑的特长，1100多年来，完整无损。同时，这座建筑物还保留了唐代各种艺术的精华，确是稀世之宝，值得倍加爱护。其实在五台县城西南还有一座南禅寺大殿，据大殿平梁下墨书题记，重建于公元782年（唐建中三年），因地处偏僻，未遭“会昌灭法”的损毁。大殿面宽进深各三间，梁架结构简练，气宇古朴，是典型的唐建筑风格。日本奈良的唐招提寺，是鉴真和尚东渡后所建，其单檐歇山式屋

独乐寺观音阁斗拱

佛光寺大殿斗拱

顶、屋脊两端的鸱（chī）尾甍（méng）、殿前宽敞的月台、承托屋檐的雄健斗拱，等等，都是和南禅寺大殿相同的，只是面宽五间。在扬州大明寺，1963年由已故著名建筑学家梁思成参与设计所建的鉴真纪念堂，其风格式样即由南禅寺大殿、唐招提寺仿造。

10世纪以后，木构佛殿实例渐多，现存重要的应是天津蓟县独乐寺的山门和观音阁，它们始建于唐代，现为公元984年（辽统和二年）重建，是研究我国古代木构建筑的代表作。山门屋顶为五脊四坡形，出檐深远曲缓，檐如飞翼。观音阁是一座庞然的三层大阁（中间一层是暗层），通高23米。梁柱接

南禅寺大殿

榫部分，运用功能不同的斗拱24种，建筑手法高超。阁内塑有观音立像，因头顶十个小佛头，便称为十一面观音，高16米，是我国最大的泥塑之一。阁是围绕着塑像建造的，中间留出了“井”，平坐层达到塑像的膝部，上层齐胸；头上的花冠已近阁顶的八角藻井了。观音阁结构复杂，斗拱精巧，飞檐峻逸，庄严凝重，而且经历多次地震，至今巍然无损。我们可以想象到当年建筑工程的高超水平了。

在河北正定县兴隆寺里的摩尼殿，建于公元1052年（北宋皇祐四年），面宽进深各七间，平面呈十字形，在方形建筑的四向中心，各加一个突出的抱厦，建筑形体丰富变化，外观实为美轮美奂。殿内梁架结构都和《营造法式》相符。这种布局的宋代建筑，是现存仅有的一例了。

其他如山西大同的华岩寺，有一座藏经殿，殿内三面是藏经的木柜，上面刻着小型的屋檐结构，设计奇特，它是11世纪的实物。在大同城里还有一座12世纪的大殿——善化寺正殿，雄伟壮观。山东曲阜的孔庙，是属于庙宇（佛寺）同一类型的建筑群，其间有不少是12世纪所修建的。此外，山西洪洞县的广胜寺（14世纪）和北京的智化寺（15世纪）也都是我们祖先的卓越创造。

现在我们要特别提到山西应县的佛宫寺木塔，是我国木结构建筑的又一成功例证。它的正名是释迦塔，建于公元1056年（辽清宁二年）。塔平面8角形，外观5层，夹有4级暗层，实为9层，总高67.13米，底层直径30米。塔建在4米高的两层石砌台基上，内外两槽立柱，构成双层套筒式结构，柱头和柱脚有枋、栿（fú）等构件相连接，使双层套筒紧密结合。为了解决复杂而多层的问题，应用了不同组合的50多种斗拱，建筑设计非常严谨。本来在唐朝以前的佛塔多是木构的，平面四方形，主体是我国原有的多层楼，顶上安放着印度式的窣堵坡。但是因为香火旺盛，往往失火延烧，所以后来建塔多用砖石。到现在应县佛宫寺木塔不仅是国内唯一遗存的木塔，也是世界上现存最古老最高大的木结构塔式建筑。塔建成后200多年到元顺帝时（公元1333—1367年），曾经历大地震七日，安然屹立。在应县城外十几里，就能遥遥望见城中木塔巍峨的风采。在木塔上有一块明朝的匾，题作“鬼斧神工”，用这个词语来赞誉木塔的建筑技巧和艺术表现，赞誉工程师的精湛设计和劳动人民的创造力，是丝毫不算夸张的。

在祖国历史上，除鲁班之外，10世纪末叶的喻皓，也是一位有成就的建筑师，他擅长于木构建筑，因设计建造木塔和多层建筑而成名。他总结自己的经验，著《木经》一书，可惜宋代以后失传。喻皓曾设计河南开封开宝寺木塔，他科学地先做

佛宫寺木塔

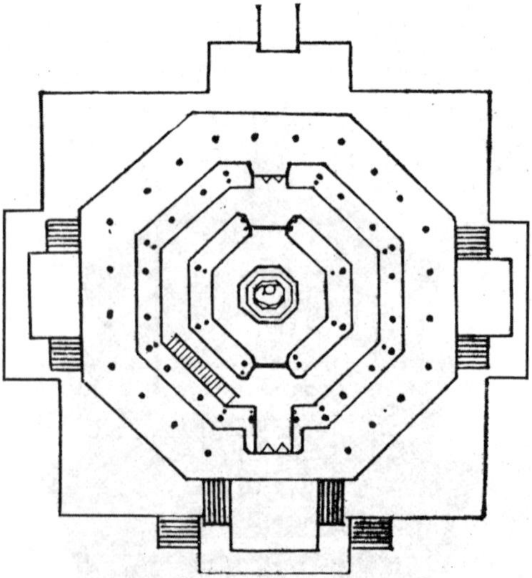

佛宫寺木塔平面图

模型，然后施工。他使塔身略微向西北倾侧，抵抗当地的主要风向；他说，在100年内就可以被风吹正。还说，在700年内，这塔不会坍倒。可惜，开封屡次水灾，把古代建筑冲毁很多，这座木塔，现在也没有痕迹了。

我国不仅在木构建筑方面，有着登峰造极的成就，就是在砖石建筑方面，同样有着光辉而久远的历史和优秀卓越的科学创造。

汉代的石阙、石祠是古代石造建筑的典型例子。它们虽是石造的，却全部模仿木构的形状，因而也可以说是当时木结构建筑的范式。现在保存完好又最精美的石阙，要算四川雅安的高颐墓阙和绵阳的汉石阙，都是最珍贵的建筑杰作。山东嘉祥县和肥城县，还有几处汉墓前的石室，也给我们提供了不少关于古代建筑的资料。

现在我们要谈到万里长城了。万里长城是我国土石结构建筑的伟大代表，也是世界建筑奇迹之一。远在公元前7世纪前后，春秋时各诸侯国相互防御，都建有长城。到公元前4世纪前后，我国的燕、赵、秦、魏、韩各国为了抵御北方游牧民族的入侵，各自修筑长城。公元前221年，秦始皇统一中国，把各国的长城连接起来并延长，调用了30多万人力连续十几年，筑成西起甘肃临洮（今岷县），东迄辽东，绵延几千里的长城。秦以后，历经汉、晋、北朝、隋、唐的修整。汉代除重修秦长城外，汉武帝时又开始增修了内蒙河套南的“朔方长城”和凉州西段长城。秦长城多是土夯的，汉长城加以改进，在土夯基础上加铺一层芦苇，使城墙坚固。秦汉长城遗址在西北处处可寻，在遗址附近常有汉文物出土。在居延（甘肃）近年就发现许多汉简，是很有价值的历史文物。

长城一直是我国北方的防御线，辽、金、元间破坏得很厉害，明朝又恢复修筑砖石的长城，规模很大，今天的长城多半是明朝的建筑。明建国后，为防止蒙古贵族的再次南下和防御日渐崛起的东北女真族，公元1386—1536年，先后进行过十几次的修建，为了加强防御，将过去土筑城墙部分改为砖石结构，墙体外壳用整齐的城砖修筑，下部是条石台，上砌砖墙及马道，墙身内部填充碎石和黄土。墙顶地面铺方砖，内侧为宇墙，外侧为垛墙，垛墙上方有垛口，下方有射洞，以便瞭望和射击。沿线又增加了许多烽火台。

现在的长城西起甘肃嘉峪关，东到河北的山海关，横亘甘肃、宁夏、陕西、山西、内蒙古、北京、河北，七个省、市、自治区，全长6700余千米，工程浩大。用修筑长城的土石垒成一条高3米宽1米的长堤，可以环绕地球一周。长城，它穿越了浩瀚沙漠、莽莽草原、嵯峨群山，直到渤海之滨。它，蜿蜒起伏，曲折盘旋，无比雄伟、威严而朴实，气势磅礴。它，像一条巨龙昂扬地雄踞于大地上，宇航员从太空拍摄的地球照片中，都有它清晰的身影。长城，是我国劳动人民千百年来辛苦创造的业绩，它不仅是我们炎黄子孙的骄傲，而且已是世界公认的伟大工程，也正是世界上亿万人民所景仰、向往的“万里长城”！

我国古代的砖石建筑，表现得最丰富的要算塔了。塔是随着佛教传来我国的，在古语中我们称之为“浮屠”。我国历代的建筑工程师们，以杰出的构思，精湛的设计，吸收了印度、西域等异国的佛教建筑艺术特色，和我国传统的高层木构楼阁等建筑艺术相结合，创造出独具东方色彩的中国式的宝塔。遍布我国各地无数的砖、石塔，主要的可分为三种类型。

（一）完全模仿原始木塔形式楼阁式的。典型的有陕西西安的大雁塔。唐僧玄奘于公元652年（唐永徽三年）为贮藏取回的印度佛经修建的，50多年后塔身倾毁。公元701—704年（武则天长安年间）重修，平面方形，7层，锥体，总高64米，砖砌，仿木构楼阁式，各层壁面都砌成扁柱和栏额。隋唐的塔多是四方形，大雁塔古朴凝重，充分体现了唐代砖塔建筑的风格。唐代方塔还有西安兴教寺玄奘塔、山西临汾县大云寺方塔、江苏高邮镇国寺塔等。

属于这一类型最古的砖塔，是浙江天台山国清寺塔，建于公元598年（隋开皇十八年），因此也叫作隋塔。它是六角形9层，高达60米。唐以后多角形的塔就多了，砖塔如杭州六和塔、苏州北寺塔等，石塔如福建泉州双塔等。宋代的塔出现了六角形、八角形的，这不仅使塔的外形增加了优美的风采，更重要的是增强了塔基的承压力和塔身的抗震抗风能力。这是建筑科学的进一步发展。

大雁塔

（二）中国化的窣堵坡，密檐式的。把印度窣堵坡半球形的塔身，变作正方形（隋唐）或八角形（辽金以后）的木构形式，成为全塔的重要部分，也就是第一层；以上各层用距离极密，层层重叠的瓦檐，代表了窣堵坡上部的刹，11世纪以后，在华北有很多这样的塔。

河南省登封县嵩岳寺塔建于公元520年（北魏正光元年），是密檐式塔的典型，也是我国现存最古的砖塔。这塔的平面呈十二角形，15层，这两个数字在佛塔中是特殊的。塔高约41

米；底座直径约10米，塔身的角沿砌出角柱，15层密檐层层向上紧缩，造型浑厚优美。从它的设计来说，是科学和艺术结晶的菁华。它已经历了1400年的岁月，仍挺立如故，充分表现着我们祖先伟大的创造力。

再举一例，陕西西安荐福寺的小雁塔，建于公元707年（唐中宗景龙元年），方形，底座每边长11米，原为15层，现存13层，高约43米，次层以上逐层收缩，每层砖砌出檐。小雁塔于公元1487年（明成化二十三年）长安大地震时，从塔顶到底座裂开一尺多宽的缝；到公元1521年（明代正德末年）长安又地震，小雁塔不但没有坍塌，原来的裂缝反而神奇地合上了。公元1556年（明代嘉靖三十四年），长安又大地震，塔顶震坏而塔身无损，完好地保持着唐代风貌。小雁塔不仅是密檐砖塔的典型之一，而且应是我国古代建筑工程的杰出范例。

其他如北京天宁寺塔、河北易县荆轲塔、辽宁省辽阳市的白塔（高达70余米）、成都宝光寺塔等都是密檐式的，分布在各地的还有很多。

（三）形式与印度窣堵坡相近，是13世纪以后随着西藏的藏传佛教传入的，因此也被称作喇嘛塔。北京的妙应寺白塔就是现存最古的一个实例。白塔建于公元1281年（元至正八年），底座面积达1400多平方米，台基上有两重须弥座，托着硕大的塔身，总高度近约70米。当时是由在我国做官的尼泊尔工艺家阿尼哥参加设计和修建的。至于最大的一座喇嘛塔是西藏江孜县的白居寺菩提塔（明朝修筑）。以后到清朝所修高踞于北海琼华岛上的白塔，以及乾隆皇帝下江南，在扬州瘦西湖修的白塔，和妙应寺白塔造型基本上是一样的。

从上述多种实例看来，塔是中国文化吸收了外来文化，在原有基础上发展起来的优秀产物。我国是世界上古塔最多最丰富、艺术文物价值最高的国家之一。我国的塔，在世界建筑史上独树一帜，具有建筑结构特点和华夏文化艺术特色。同时，我国的塔一般地说都是高层建筑，从20多米到80多米高（最高的砖塔是河北定县的开元寺塔，高达84米，北宋咸平四年到至和二年，即公元1001年到1055年修成）。在全靠人力劳动，没有任何现代化的建筑工具和机械的条件下，修建起一座相当于现在七八层到30层高楼的塔，到现在也难以说清当时是怎样施工的。我们的祖先们真是发挥了非凡的智慧。

在祖国大地上，于茂林峻岭名刹古迹胜地，矗立着无数千姿百态的塔，而在潺湲、浩渺、奔流的江河上，却横跨着无数千姿百态的桥。桥，连接两岸便利着广大人民的交通。据《诗经》所说“造舟为梁”，远在3000年前这就是最早的桥梁（浮桥）了，实际上也可以说浮桥是桥梁的先声。在历史上有名的桥如：长安的灞桥、北京的卢沟桥、福建泉州的洛阳桥，等等。

从工程技术来说，一定要提出北方无人不晓的“赵州桥”，在民间“小放牛”的俚歌中就有对赵州桥的夸赞。河北省赵县的安济桥，也称赵州桥，俗称大石桥。它横跨在洨河上，全长50米，是单孔石拱桥的典型。在隋朝（公元605—616年）修建，据唐《石桥铭序》说，完成这个伟大工程的是当时天才的工程师李春。赵州桥跨长37米，跨度大而弧形平，在大券（quàn）两端各加两个小券，起到减轻桥身自重、加速宣泄洪水的作用，并且增加拱桥的美观，寓秀逸于雄伟之中。历代人民对于李春这样出色的贡献，无不叹服，石桥上遗留着不少铭刻，颂赞这座伟大工程的完成。同时，由于它的实用性，各地人民也率相仿建。在赵县城西清水河上的永通桥（俗称小石桥，公元1190—1195年修建），山西晋城城西沁水河上的景德桥（俗称西大桥，公元1189—1191年修建），结构造型都和赵州桥基本上一样。李春创造了世界上第一座“空撞券桥”，这种做法，在欧洲到1912年才初次出现，比我们晚了1300多年。而在这1300多年来，赵州桥却承托了千百万行人，车马、驮载的往来，经受了洪水、地震的考验，安稳坚固地横跨在洨河上，空灵俊逸，风采依然！

河北赵县安济桥（赵州桥）

在水面宽阔的河流上，单拱桥当然不能适用，我们的祖先又创造出“联拱桥”。在北京西南丰台区永定河（旧称卢沟河）上的卢沟桥，是北京现存最古的联拱石桥。卢沟桥始建于公元1189年（金大定二十九年，明、清重修），全长260多米，宽7.5米，下有11个拱洞。在工程设计上采取了一些杰出的措施，一是两相邻拱洞都有一个共同的拱脚，以加强拱桥整体的承载力，二是将桥墩前端修成尖嘴，以加强其分流、破冰的作用。桥身两侧石栏上，雕有485个神态各异的石狮，又是精致的艺术品。意大利旅游家马可·波罗（公元1254—1324年）曾在他的游记中称赞：“它是世界上最好的、独一无二的桥。”1937年7月7日，日本帝国主义就是在这里发动侵华战争，受到中国驻军的奋起抗击，点燃了抗日战争的烽火，因此“七七事变”也称作“卢沟桥事变”。卢沟桥不仅是一座雄伟的古桥，而且是有重要历史意义的革命纪念地。

有名的苏州宝带桥，始建于唐代，跨越运河上，全长370米，有53个拱洞，同属于联拱桥，但是结构设计又有一些特殊措施，特别是中间三孔采取了拱背桥的形式，造型别具一格。

在水流湍急的河流上，进行造桥工程困难很大，我们的祖先又创造出梁式桥型，将拱桥的涵洞改变。福建的洛阳桥是负有盛名的梁式石桥。洛阳桥位于泉州与惠安县分界洛阳河入海

北京卢沟桥

口上，公元1053—1059年，由北宋郡守蔡襄（大书法家）主持造桥工程。桥原长约1200米，宽约5米，有46个桥墩，历经修理，现长约830余米，宽7米，残存桥墩31座。在江海汇合处，江潮汹涌，海涛澎湃，建造桥基非常艰难，多次进行工程都失败了。广大桥工和工程人员辛勤钻研探索，创造出一种办法：沿桥梁中线向水中抛掷大量石头，形成一条横跨江底的矮石堤，提高江底标高3米以上，然后在石堤上造桥墩。这种成功的创造，一直到近代才被人们所认识，称作“筏型基础”的新型桥基，实是洛阳桥对世界桥梁建筑科学的一大贡献。为了巩固桥基，他们还在桥下养殖了大量牡蛎，巧妙地利用这种海生动物的附着力强和繁殖迅速的特性，把桥基和桥墩胶结成牢固的整体。这个“种蛎固基法”确是桥梁建筑史上最奇妙的发明；在世界上，也是把生物学应用于桥梁工程的创例。洛阳桥的桥墩构造也很有特色，它全部是用大长条石齿牙交错地垒砌的，两头做尖嘴以分水，最上面两层石条则向左右挑出，使墩面加宽，以减少桥面石梁板的跨度。这些高明的做法，都显示了我们祖先的无穷智慧。

洛阳桥的建造成功，为以后大规模造桥工程，积累了丰富的经验，南宋时在泉州又相继落成著名的安平桥、盘江桥等。洛阳桥是我国第一座海港大石桥，它的建成，对我国中世纪海外交通事业的发展起着重大作用。南宋时，泉州和广州成为全国最大的商港；到元朝，泉州空前繁荣，它与埃及的亚历山大港并称为世界最大的贸易港。一桥横渡，不仅使天堑变通途，而且为海外交通、国际贸易立下了丰碑。

还要特别提到一座古石桥，在江西庐山南山下栖贤谷中的“观音桥”，是单拱的，横跨在深涧上，长24米许，宽4米许，由厚约0.7米、长约0.9米的105块花岗岩石块构成，共有7排，每排15块，中间的一排大石宽约0.72米，其余6排的都宽约0.65米。7排石块凿有公母榫相扣锁，完全不用泥浆涂粘。

江西庐山观音桥

据桥下拱石上所凿题记（38个大字、两行小字），观音桥建于公元1014年（北宋祥符七年），建造者是江州（今九江地区）的陈智福、智汪、智洪三兄弟。观音桥横跨百尺大壑，桥基立在东西悬崖上，桥下是汉阳峰五老峰间汇集的湍流。绝壁激浪，想当年在这样险峻的地势设计施工是多么的艰巨，而这桥已磐石般地枕卧在苍松翠柏之间经受了千年的风雨，无声地服务于人民。特别是105块花岗岩，不用泥浆，完全靠榫接凝集成一个坚固的整体，这实在是无比先进的，科学的，使人不能不赞叹。陈氏三兄弟实在是出类拔萃的工程师，创造出稀世的桥梁瑰宝。据说观音桥现在已列入世界桥梁史。

在西南各地由于江流湍急，桥基不易建立，我们的祖先因地制宜，创造了索桥。在工程史上，索桥无疑是我国人民对人类文化的又一大贡献。索桥有用铁链的，创造了铁索桥，著名的有大渡河的铁索桥。还有就地取材，天才地利用竹索的，既减轻桥身重量，同时，竹索也不像铁索那样沉重，即使河面再阔，索桥再长，竹索也很少发生中断的危险。四川灌县竹索桥（安澜桥），是索桥中典型的例子，始建于宋以前，全长500米，悬挂在宽320多米的岷江上，位于都江堰鱼嘴上，像一带缕花的丝带，联系着两岸人民的交通往来，使之生活融合成

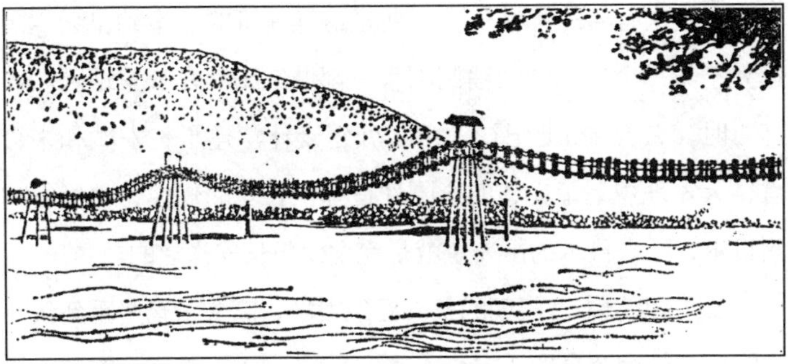
四川灌县竹索桥

一片（现已改为混凝土桩钢缆）。

桥，在无数有才华的桥梁建筑者的长期劳动中，又独出心裁地设计出各种新颖的形式，比如广西桂林的花桥、甘肃渭源的卧桥、福建永春县的东关桥、扬州瘦西湖的五亭桥等，都是在桥身之上再加一层，或是屋顶，或是长廊，或是亭阁，不仅便于行旅交通，还可游憩观赏，这是桥梁、木构建筑相结合的进一步发展。像扬州的五亭桥，非但造型典丽，结构也别致，桥下四翼共有15个券洞，当月明之夜，每个洞中都映着一个圆月，建筑工程师苦心孤诣地设计创造出这样的奇观。

自从周初起，中国的城邑就有了制度和规划。城址一般是方形，城内前朝后市，两旁是老百姓的住宅；每一城门总通有一条大街。全城划分为多少区域，早期叫作里，唐以后叫作坊。

历史上有名的都城长安，便是这样建筑的。秦始皇灭六国建立了第一个统一的封建制国家，都城咸阳就在长安地区。汉高祖时（公元前3世纪初）由阳城延设计营建了长安城和未央宫，天才地规划了完整的全国性首都。长安的规模，曾经影响到日本，后来日本的平安京就是完全模仿长安修建的。

公元6世纪末，汉朝的长安已经毁坏，隋文帝杨坚重新统一中国后，就命令高熲（jiǒng）和宇文恺（kǎi）等在长安东南修建新都城——大兴城。宇文恺是我国古代著名的建筑学家，他曾负责规划和建筑大兴城、洛阳、开凿通惠渠、修复长城等大型土木工程，他对城市绿化和给排水工作都有特殊贡献，他还用比例尺（以一分为一尺即1：100）设计图纸，也是杰出的创造。大兴城的设计、规划、修筑，整个工程都由宇文恺负责，高熲不过徒挂虚名。由于规划周密，设计合理，对人力物资组织精细、管理严紧、建都工程进展迅速。自公元582年（隋开皇二年）6月开工，当年12月基本完成，翌年3月就迁入使用，前后历时仅9个月。大兴城面积有84平方千米（七倍于清代的长安），是我国历史上最大的都城，也是历史上最早最有规划的都城。大兴城总的布局是有中轴线，东西对称，并且第一次实行了分区规划，里坊区划分明，皇宫、衙署、住宅、商市都有一定的位置。全城有三部分，建筑有序，先建的宫城，在城中心北部，是皇帝居住和执政的地方；再建皇城（子城），在宫城之南，是中央官置区；最后建郭城（罗城），围绕在宫城皇城三面；三城都有城墙围护。在郭城里南北并列大街14条，东西平行大街11条，分成108个里坊（方形、有坊墙、四周开门，也有说是109坊的），整齐有序，交通方便，主要的街道宽达150米至200米以上，各条道路两旁凿有排水沟，种植树木。从南门明德门到皇城朱雀门的大街是中轴主干道，东西各有市场，每市占两坊，是全城主要的商业区，集中了商店、手工业店坊等，市中店铺又按行业分片布置。其他里坊是居民区。

唐代都城长安就是隋的大兴城，在原有的基础上扩建了两处庞大的宫殿群（大明宫和兴庆宫），增筑了许多佛寺和风景点，疏凿了曲江池，修筑漕渠等，使长安城更为堂皇。由于唐代中期以前我国的政治、经济、文化、外交各方面的发展，被称为我国封建社会的“盛世”，所以当时的长安不仅是全国政治、经济、文化的中心，而且和邻近各国及地区如日本、朝鲜、东南亚、阿拉伯等友好往来和贸易，也成为了繁荣的国际城市。

一个城市特别是都城的规划设计，必然要联系到许多复杂的因素和条件：地形、水源、交通、环境保护、城市管理、军事防御以及文化教育、经济建设等，并且要对所遇到的一切复杂问题，能全面地考虑分析而给以妥善合理的解决，这需要高度的文化科学水平和一定雄厚的经济力。在1300多年前，隋唐长安的建成，就不仅是一个城市、一个都城的建设，而是我国古代文化、科学、经济诸方面高度发展的标志。

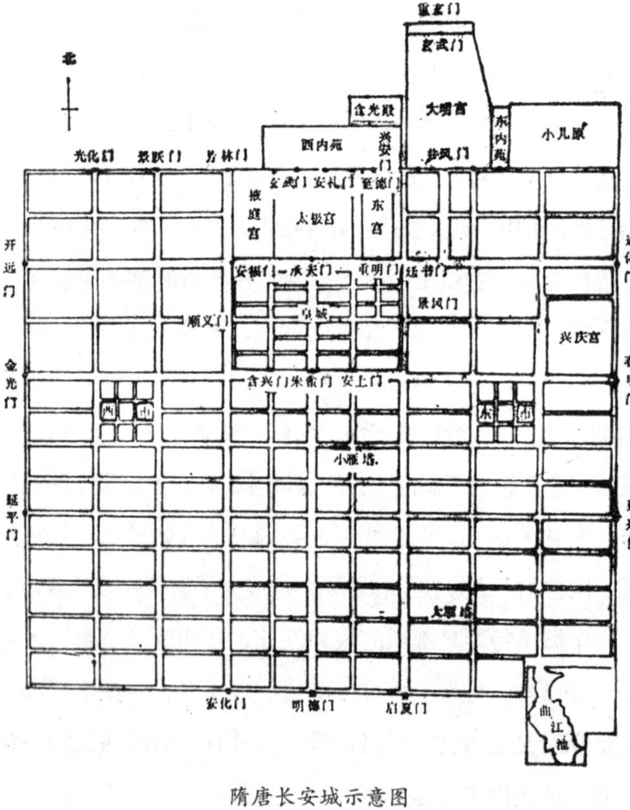

隋唐长安城示意图

从对于广大人民居住房屋的布局说，我国的“一宅房子”，都是由几个单位的主要房屋、附属的廊庑（wǔ），和围绕着一个或多个庭院所组成的，这和欧洲的习惯，先把单幢建筑物作为一宅房子的整体，再将内部区分为各个单位的办法，是不同的。我们的这种庭院，将一部分户外空间，组织到建筑以内。这样，人住在里面，可以满足阳光、空气和其他像花木等调剂生活的要求。这种建筑物的优点，到最近，才在欧美建筑师的队伍里受到重视，并且使他们也接受了内外联系打成一片的建筑观点。

关于建筑的著作，我国最古的当是公元前4世纪时的《周礼·考工记》，西洋最古的著作是罗马帝国时期，也就是公元前30年到公元14年间，维脱鲁维所著的《建筑论》，比我国《考工记》晚了约4个世纪。维脱鲁维的书，直到1486年才在罗马用拉丁文出版，1521年译成意大利文，以后渐次普及欧洲各国。

我国在《考工记》之后，有宋朝中叶喻皓所著《木经》。但是最完备的专著，应是李诫所著的《营造法式》，可以说它是2000年来我国木架结构建筑经验的总结。他把梁架和斗拱部分，写作“大木作做法”；关于砖石、墙壁、门窗、油饰、屋瓦等部分，分别写作“小木作做法”、“彩画作做法”和“瓦作做法”。《营造法式》也是世界上早期的、最完备的建筑学专著。当1925年，朱启钤（qián）先生校订重刊《营造法式》，一共印了千部，大半被欧美日本的人士购去，可见这书的价值，也就是说我国的古建筑，在国际上是怎样地受到普遍的重视。

原版后记

我们祖国有着丰富的历史遗产、光辉无比的科学创造；在这本小册子里，要把它完全容纳，是不可能的。而且，有好些史料，还没有系统地整理出来；就是它们的真实性也需要考虑。比如说：有许多是古代的传说，也有许多是后人的牵强附会，像诸葛亮的“木牛流马”之类。还有许多关于机械的记载，是外行人的表面描写，并无科学的价值；更有一些过分的渲染，多半是一种想象。例如：

《拾遗记》：“秦始皇好神仙之事，有宛渠之民，乘螺舟而至。舟形似螺，沉行海底而水不侵入，一名沦波舟。”

《金楼子》：“奇肱国民，能为飞车，从风远行，至于亶（dǎn）州，伤破其车，不以示民，十年西风至，复使给车遣归。”

《玉海》也引了同样记载，略微改变：“奇肱民能为车，从风远行，汤时……奇肱车至于豫州。”

《山海经》渲染得更过分，“《海外西经》说：‘奇肱国善制飞车，游行半空，日可万里。’”

在那样早的年代，“飞车”是不可能有的。但是，如果把它看作是车上加帆，就不稀奇了。现在，在青岛附近，还有这种在车上加帆的工具。

我们也可以用常识判断，有许多事物的发明、发现，一定是经过长期的演变，而且结合了无数劳动人民的智慧，才取得的成就；但是，这种演变的过程，在史料里或是不记载，或是失传了。例如，要查火药、指南针的发明过程，就有这种情形。

很多上古的史料，不免含有相当多的传说成分。这些传说，应该利用考古学的材料，给予分辨。

这本小册子尽可能引用了已经整理好的材料，有：竺可桢著《中国古代在天文学上伟大的贡献》，华罗庚著《数学是我国人民所擅长的学科》，君愚著《李冰父子和都江堰》，梁思成著《我国伟大的建筑传统和遗产》，冯玉明、李志超著《中国古代生物学的知识》（以上各文都见《人民日报》），还有我在《中国青年》发表的《中国古代的科学创造》《中国古代的三大发明》，以及李俨著《中国算学史》，郑肇经著《中国水利史》，朱文鑫著《天文考古录》等。

这本小册子也尽可能采用原始的材料。例如：清阮元撰《畴人传》，清戴震校《算经十书》，北魏贾思勰著《齐民要术》，明徐光启著《农政全书》，元官撰《农桑辑要》，明宋应星著《天工开物》，宋李诫著《营造法式》（朱启钤校本），宋沈括著《梦溪笔谈》，元欧阳玄著《至正河防记》等。

关于指南车，王振铎在前北平研究院《史学集刊》第三期发表的指南车、记里鼓车的考证，给我很多启示。关于机械工程方面，刘仙洲的《中国机械工程史料》是主要的参考书。因为时间仓促，很多地方没有能做深入的研究和充分的考虑。也有许多材料，根本没有录入，例如我国在医学、冶金、物理、化学方面的贡献。这是要向读者道歉，并且希望将来能有机会补写的。

修订版后记

本书原版有6万余字，这次修订出版，除机械一章外，对各章都进行了较大的增删改写，总篇幅约增加了一半达到9万多字，并增加了大量的插图和照片。在修订过程中，参阅了一些有关资料，并且将近年来访问全国各地所得的实际材料，摘要补叙，使我又受到教育和鼓舞。遗憾的是对于医学、冶金、物理、化学方面，我国历史上的卓越贡献，这次仍未能补写，再次向读者道歉，并寄希望于将来。

在这里要感谢中国青年出版社同意将原书版权转让给重庆出版社，也要感谢重庆出版社领导和责任编辑的全力支持和辛劳，没有他们的努力，本书的改写再版是不可能的。同时，承蒙郑孝燮、罗哲文、陈鼎文诸同志和广西兴安县旅游局，提供了宝贵的照片和资料，使得本书能更加充实。在此一并致谢。

钱伟长

1987年10月于北京木樨地

出版说明

《中国历史上的科学发明》，原名《我国历史上的科学发明》，是钱伟长先生为青少年进行科学普及的一本小册子，1953年由中国青年出版社出版。1987年，钱伟长先生对该书进行了较大的增删，总篇幅增加一半，修订版由重庆出版社出版，此次修订也是钱伟长先生生前对该书所做的最终修订。

近些年来，随着我国科学史研究、文化遗产挖掘的不断发展，不少以往在我国难得一见的藏品、古籍文献都有了很好的展示挖掘，在这个基础上，北京出版集团推出《中国历史上的科学发明》的全新插图本，有些图甚至以彩图的形式进行展现，以增加读者的趣味。为该版提供图片的有：钱元凯、桂立新、张娅力、文平、陈书敏、王一非、查杉、管鸣、陈耐、郭蔚嘉等，特此感谢。

此次出版，以作者生前修订版为基础，为保存作品原貌，对原版中涉及的地名、译名等专有名词不作更动；对异体字、通假字等也一律不进行汉语规范化处理。

2020年5月

国家新闻出版广电总局
首届向全国推荐中华优秀传统文化普及图书

大家小书书目

国学救亡讲演录	章太炎　著　蒙　木　编
门外文谈	鲁　迅　著
经典常谈	朱自清　著
语言与文化	罗常培　著
习坎庸言校正	罗　庸　著　杜志勇　校注
鸭池十讲（增订本）	罗　庸　著　杜志勇　编订
古代汉语常识	王　力　著
国学概论新编	谭正璧　编著
文言尺牍入门	谭正璧　著
日用交谊尺牍	谭正璧　著
敦煌学概论	姜亮夫　著
训诂简论	陆宗达　著
金石丛话	施蛰存　著
常识	周有光　著　叶　芳　编
文言津逮	张中行　著
经学常谈	屈守元　著
国学讲演录	程应镠　著
英语学习	李赋宁　著
中国字典史略	刘叶秋　著
语文修养	刘叶秋　著
笔祸史谈丛	黄　裳　著
古典目录学浅说	来新夏　著
闲谈写对联	白化文　著
汉字知识	郭锡良　著
怎样使用标点符号（增订本）	苏培成　著
汉字构型学讲座	王　宁　著

诗境浅说	俞陛云　著
唐五代词境浅说	俞陛云　著
北宋词境浅说	俞陛云　著
南宋词境浅说	俞陛云　著
人间词话新注	王国维　著　滕咸惠　校注
苏辛词说	顾　随　著　陈　均　校
诗论	朱光潜　著
唐五代两宋词史稿	郑振铎　著
唐诗杂论	闻一多　著
诗词格律概要	王　力　著
唐宋词欣赏	夏承焘　著
槐屋古诗说	俞平伯　著
词学十讲	龙榆生　著
词曲概论	龙榆生　著
唐宋词格律	龙榆生　著
楚辞讲录	姜亮夫　著
读词偶记	詹安泰　著
中国古典诗歌讲稿	浦江清　著 浦汉明　彭书麟　整理
唐人绝句启蒙	李霁野　著
唐宋词启蒙	李霁野　著
唐诗研究	胡云翼　著
风诗心赏	萧涤非　著　萧光乾　萧海川　编
人民诗人杜甫	萧涤非　著　萧光乾　萧海川　编
唐宋词概说	吴世昌　著
宋词赏析	沈祖棻　著
唐人七绝诗浅释	沈祖棻　著
道教徒的诗人李白及其痛苦	李长之　著
英美现代诗谈	王佐良　著　董伯韬　编
闲坐说诗经	金性尧　著
陶渊明批评	萧望卿　著

古典诗文述略	吴小如　著
诗的魅力	
——郑敏谈外国诗歌	郑　敏　著
新诗与传统	郑　敏　著
一诗一世界	邵燕祥　著
舒芜说诗	舒　芜　著
名篇词例选说	叶嘉莹　著
汉魏六朝诗简说	王运熙　著　董伯韬　编
唐诗纵横谈	周勋初　著
楚辞讲座	汤炳正　著
	汤序波　汤文瑞　整理
好诗不厌百回读	袁行霈　著
山水有清音	
——古代山水田园诗鉴要	葛晓音　著
红楼梦考证	胡　适　著
《水浒传》考证	胡　适　著
《水浒传》与中国社会	萨孟武　著
《西游记》与中国古代政治	萨孟武　著
《红楼梦》与中国旧家庭	萨孟武　著
《金瓶梅》人物	孟　超　著　张光宇　绘
水泊梁山英雄谱	孟　超　著　张光宇　绘
水浒五论	聂绀弩　著
《三国演义》试论	董每戡　著
《红楼梦》的艺术生命	吴组缃　著　刘勇强　编
《红楼梦》探源	吴世昌　著
《西游记》漫话	林　庚　著
史诗《红楼梦》	何其芳　著
	王叔晖　图　蒙　木　编
细说红楼	周绍良　著
红楼小讲	周汝昌　著　周伦玲　整理

曹雪芹的故事	周汝昌　著　周伦玲　整理
古典小说漫稿	吴小如　著
三生石上旧精魂 ——中国古代小说与宗教	白化文　著
《金瓶梅》十二讲	宁宗一　著
中国古典小说名作十五讲	宁宗一　著
古体小说论要	程毅中　著
近体小说论要	程毅中　著
《聊斋志异》面面观	马振方　著
《儒林外史》简说	何满子　著
我的杂学	周作人　著　张丽华　编
写作常谈	叶圣陶　著
中国骈文概论	瞿兑之　著
谈修养	朱光潜　著
给青年的十二封信	朱光潜　著
论雅俗共赏	朱自清　著
文学概论讲义	老　舍　著
中国文学史导论	罗　庸　著　杜志勇　辑校
给少男少女	李霁野　著
古典文学略述	王季思　著　王兆凯　编
古典戏曲略说	王季思　著　王兆凯　编
鲁迅批判	李长之　著
唐代进士行卷与文学	程千帆　著
说八股	启　功　张中行　金克木　著
译余偶拾	杨宪益　著
文学漫识	杨宪益　著
三国谈心录	金性尧　著
夜阑话韩柳	金性尧　著
漫谈西方文学	李赋宁　著
历代笔记概述	刘叶秋　著

周作人概观	舒　芜　著
古代文学入门	王运熙　著　董伯韬　编
有琴一张	资中筠　著
中国文化与世界文化	乐黛云　著
新文学小讲	严家炎　著
回归，还是出发	高尔泰　著
文学的阅读	洪子诚　著
中国文学1949—1989	洪子诚　著
鲁迅作品细读	钱理群　著
中国戏曲	么书仪　著
元曲十题	么书仪　著
唐宋八大家——古代散文的典范	葛晓音　选译
辛亥革命亲历记	吴玉章　著
中国历史讲话	熊十力　著
中国史学入门	顾颉刚　著　何启君　整理
秦汉的方士与儒生	顾颉刚　著
三国史话	吕思勉　著
史学要论	李大钊　著
中国近代史	蒋廷黻　著
民族与古代中国史	傅斯年　著
五谷史话	万国鼎　著　徐定懿　编
民族文话	郑振铎　著
史料与史学	翦伯赞　著
秦汉史九讲	翦伯赞　著
唐代社会概略	黄现璠　著
清史简述	郑天挺　著
两汉社会生活概述	谢国桢　著
中国文化与中国的兵	雷海宗　著
元史讲座	韩儒林　著

魏晋南北朝史稿　　贺昌群　著

汉唐精神　　贺昌群　著

海上丝路与文化交流　　常任侠　著

中国史纲　　张荫麟　著

两宋史纲　　张荫麟　著

北宋政治改革家王安石　　邓广铭　著

从紫禁城到故宫

——营建、艺术、史事　　单士元　著

春秋史　　童书业　著

明史简述　　吴　晗　著

朱元璋传　　吴　晗　著

明朝开国史　　吴　晗　著

旧史新谈　　吴　晗　著　习　之　编

史学遗产六讲　　白寿彝　著

先秦思想讲话　　杨向奎　著

司马迁之人格与风格　　李长之　著

历史人物　　郭沫若　著

屈原研究（增订本）　　郭沫若　著

考古寻根记　　苏秉琦　著

舆地勾稽六十年　　谭其骧　著

魏晋南北朝隋唐史　　唐长孺　著

秦汉史略　　何兹全　著

魏晋南北朝史略　　何兹全　著

司马迁　　季镇淮　著

唐王朝的崛起与兴盛　　汪　篯　著

南北朝史话　　程应镠　著

二千年间　　胡　绳　著

论三国人物　　方诗铭　著

辽代史话　　陈　述　著

考古发现与中西文化交流　　宿　白　著

清史三百年　　戴　逸　著

清史寻踪	戴　逸　著
走出中国近代史	章开沅　著
中国古代政治文明讲略	张传玺　著
艺术、神话与祭祀	张光直　著
	刘　静　乌鲁木加甫　译
中国古代衣食住行	许嘉璐　著
辽夏金元小史	邱树森　著
中国古代史学十讲	瞿林东　著
历代官制概述	瞿宣颖　著

宾虹论画	黄宾虹　著
中国绘画史	陈师曾　著
和青年朋友谈书法	沈尹默　著
中国画法研究	吕凤子　著
桥梁史话	茅以升　著
中国戏剧史讲座	周贻白　著
中国戏剧简史	董每戡　著
西洋戏剧简史	董每戡　著
俞平伯说昆曲	俞平伯　著　陈　均　编
新建筑与流派	童　寯　著
论园	童　寯　著
拙匠随笔	梁思成　著　林　洙　编
中国建筑艺术	梁思成　著　林　洙　编
沈从文讲文物	沈从文　著　王　风　编
中国画的艺术	徐悲鸿　著　马小起　编
中国绘画史纲	傅抱石　著
龙坡谈艺	台静农　著
中国舞蹈史话	常任侠　著
中国美术史谈	常任侠　著
说书与戏曲	金受申　著
世界美术名作二十讲	傅　雷　著

中国画论体系及其批评	李长之　著
金石书画漫谈	启　功　著　赵仁珪　编
吞山怀谷 ——中国山水园林艺术	汪菊渊　著
故宫探微	朱家溍　著
中国古代音乐与舞蹈	阴法鲁　著　刘玉才　编
梓翁说园	陈从周　著
旧戏新谈	黄　裳　著
民间年画十讲	王树村　著　姜彦文　编
民间美术与民俗	王树村　著　姜彦文　编
长城史话	罗哲文　著
天工人巧 ——中国古园林六讲	罗哲文　著
现代建筑奠基人	罗小未　著
世界桥梁趣谈	唐寰澄　著
如何欣赏一座桥	唐寰澄　著
桥梁的故事	唐寰澄　著
园林的意境	周维权　著
万方安和 ——皇家园林的故事	周维权　著
乡土漫谈	陈志华　著
现代建筑的故事	吴焕加　著
中国古代建筑概说	傅熹年　著
简易哲学纲要	蔡元培　著
大学教育	蔡元培　著 北大元培学院　编
老子、孔子、墨子及其学派	梁启超　著
春秋战国思想史话	嵇文甫　著
晚明思想史论	嵇文甫　著
新人生论	冯友兰　著

中国哲学与未来世界哲学	冯友兰　著
谈美	朱光潜　著
谈美书简	朱光潜　著
中国古代心理学思想	潘　菽　著
新人生观	罗家伦　著
佛教基本知识	周叔迦　著
儒学述要	罗　庸　著　杜志勇　辑校
老子其人其书及其学派	詹剑峰　著
周易简要	李镜池　著　李铭建　编
希腊漫话	罗念生　著
佛教常识答问	赵朴初　著
维也纳学派哲学	洪　谦　著
大一统与儒家思想	杨向奎　著
孔子的故事	李长之　著
西洋哲学史	李长之　著
哲学讲话	艾思奇　著
中国文化六讲	何兹全　著
墨子与墨家	任继愈　著
中华慧命续千年	萧萐父　著
儒学十讲	汤一介　著
汉化佛教与佛寺	白化文　著
传统文化六讲	金开诚　著　金舒年　徐令缘　编
美是自由的象征	高尔泰　著
艺术的觉醒	高尔泰　著
中华文化片论	冯天瑜　著
儒者的智慧	郭齐勇　著
中国政治思想史	吕思勉　著
市政制度	张慰慈　著
政治学大纲	张慰慈　著
民俗与迷信	江绍原　著　陈泳超　整理

政治的学问	钱端升　著　钱元强　编
从古典经济学派到马克思	陈岱孙　著
乡土中国	费孝通　著
社会调查自白	费孝通　著
怎样做好律师	张思之　著　孙国栋　编
中西之交	陈乐民　著
律师与法治	江　平　著　孙国栋　编
中华法文化史镜鉴	张晋藩　著
新闻艺术（增订本）	徐铸成　著
经济学常识	吴敬琏　著　马国川　编
中国化学史稿	张子高　编著
中国机械工程发明史	刘仙洲　著
天道与人文	竺可桢　著　施爱东　编
中国医学史略	范行准　著
优选法与统筹法平话	华罗庚　著
数学知识竞赛五讲	华罗庚　著
中国历史上的科学发明（插图本）	钱伟长　著

出版说明

“大家小书”多是一代大家的经典著作，在还属于手抄的著述年代里，每个字都是经过作者精琢细磨之后所拣选的。为尊重作者写作习惯和遣词风格、尊重语言文字自身发展流变的规律，为读者提供一个可靠的版本，“大家小书”对于已经经典化的作品不进行现代汉语的规范化处理。

提请读者特别注意。

北京出版社